Abdirahman Moalim Hassan

Dietoterapia

Abdirahman Moalim Hassan

Dietoterapia

Terapia de Nutrição Médica

ScienciaScripts

Imprint
Any brand names and product names mentioned in this book are subject to trademark, brand or patent protection and are trademarks or registered trademarks of their respective holders. The use of brand names, product names, common names, trade names, product descriptions etc. even without a particular marking in this work is in no way to be construed to mean that such names may be regarded as unrestricted in respect of trademark and brand protection legislation and could thus be used by anyone.

Cover image: www.ingimage.com

This book is a translation from the original published under ISBN 978-620-8-17094-3.

Publisher:
Sciencia Scripts
is a trademark of
Dodo Books Indian Ocean Ltd. and OmniScriptum S.R.L publishing group

120 High Road, East Finchley, London, N2 9ED, United Kingdom
Str. Armeneasca 28/1, office 1, Chisinau MD-2012, Republic of Moldova, Europe
Printed at: see last page
ISBN: 978-620-8-26280-8

DEDICAÇÃO

Gostaria de expressar a minha sincera dedicação aos meus estimados pais, irmãos queridos, amigos que me apoiam, alunos dedicados e a todos aqueles que prestaram uma assistência inestimável ao longo do processo de criação deste trabalho. À minha amada esposa e aos meus queridos filhos, Mohamed, Maria e Manal, o vosso amor inspira-me todos os dias. E a ti, meu caro leitor, estendo a minha gratidão e dedico-te também este trabalho.

RECONHECIMENTO

Gostaria de expressar a minha mais sincera gratidão a Alá por me ter abençoado com força e boa saúde ao longo desta jornada, bem como por me ter rodeado de pessoas fantásticas que enriqueceram a minha vida. Estou profundamente grato a todos os que fizeram parte do meu percurso. Este livro é uma prenda sincera dedicada a todos e a cada um de vós. Também quero reconhecer e apreciar as contribuições dos membros do grupo de trabalho, cujo tempo e experiência foram inestimáveis na criação deste documento de orientação significativo.

Avançar

Ao embarcarmos nesta viagem ao domínio da dietoterapia, gostaria de salientar o profundo impacto que a nutrição tem no nosso bem-estar geral. Esta nota de aula serve como um guia abrangente, iluminando os princípios da dietoterapia e as suas aplicações na promoção da saúde e da cura.

No nosso mundo acelerado, onde as escolhas alimentares podem muitas vezes ser esmagadoras, torna-se essencial compreender os fundamentos da nutrição. Este recurso tem como objetivo equipá-lo com o conhecimento e as ferramentas necessárias para tomar decisões informadas sobre os alimentos e o seu papel nas nossas vidas.

Estendo a minha sincera gratidão a todos os que contribuíram para a criação deste material. Os vossos conhecimentos, dedicação e paixão pelo campo da dietoterapia transformaram este trabalho numa referência valiosa para estudantes e profissionais.

Que este livro o inspire a explorar o poder transformador da nutrição e o capacite a adotar um estilo de vida mais saudável.

PERFIL DO AUTOR

Nome do autor: Dr. Abdirahman Moalim Hassan Ibrahim

- ✓ Doutoramento em Ciências de Enfermagem (KIU)
- ✓ Mestrado em Gestão de Serviços de Saúde (KU)
- ✓ Licenciatura em Enfermagem Geral (MU)
- ✓ Licenciatura em medicina e cirurgia (MBBS) em (DSU)
- ✓ Docente sénior de 2012 até à data
- ✓ O Dr. Abdirahman Moalim Hassan Ibrahim, professor na Universidade Plasma, na Universidade do Corno de África e na Universidade Internacional de Daha (DIU), é o Diretor Académico da Universidade Internacional Aden Adde.
- ✓ drabdirahmanmoalim@gmail.com

Prefácio

Num mundo cada vez mais consciente da relação entre alimentação e saúde, a importância da nutrição não pode ser subestimada. Este livro sobre dietoterapia nasce de um profundo empenhamento em compreender como a alimentação influencia o nosso bem-estar físico e mental. Serve como um guia completo para estudantes, profissionais e qualquer pessoa ansiosa por explorar os efeitos profundos da nutrição na saúde.

A dietoterapia não se trata apenas de restrições ou de contagem de calorias; trata-se de adotar uma abordagem holística ao bem-estar. Através das páginas deste livro, descobrirá os princípios de uma nutrição equilibrada, os benefícios terapêuticos de várias dietas e o papel da alimentação na gestão das condições de saúde. Cada capítulo foi concebido para fornecer ideias práticas e conhecimentos baseados em provas que podem ser aplicados na vida quotidiana.

Estou imensamente grato a todos aqueles que contribuíram para este projeto - investigadores, profissionais e educadores - cuja experiência e paixão enriqueceram este trabalho. A vossa dedicação ao avanço do campo da dietoterapia tem sido inspiradora e inestimável.

Ao embarcar nesta viagem pelo intrincado mundo da dietoterapia, encorajo-o a manter-se curioso e de mente aberta. A relação entre alimentação e saúde está em constante evolução e este livro tem como objetivo fornecer uma base sólida sobre a qual construir a sua compreensão e prática.

Que este livro o capacite a fazer escolhas alimentares informadas e inspire um compromisso para toda a vida com a saúde e o bem-estar.

ABREVIATURA COMUM

Abbreviation	Meaning
BMI	Body Mass Index
DASH	Dietary Approaches to Stop Hypertension
DRI	Dietary Reference Intakes
FDA	Food and Drug Administration
FODMAP	Fermentable Oligosaccharides, Disaccharides, Monosaccharides, and Polyols
GI	Glycemic Index
LDL	Low-Density Lipoprotein (bad cholesterol)
T2DM	Type 2 Diabetes Mellitus
RDA	Recommended Dietary Allowance
SLD	Slimming Low-Carbohydrate Diet

GLOSSÁRIO DE TERMOS

Prazo	Definição
Absorção	O processo pelo qual os nutrientes dos alimentos são absorvidos pela corrente sanguínea para serem utilizados pelo organismo.
Alergénio	Substância que pode provocar uma reação alérgica, frequentemente presente em determinados alimentos.
Défice calórico	Um estado em que o número de calorias consumidas é menor do que o número de calorias queimadas, levando frequentemente à perda de peso.
Fibra alimentar	Hidratos de carbono de origem vegetal que não podem ser digeridos pelo corpo humano, importantes para a saúde digestiva.
Doses Dietéticas de Referência (DRI)	Um conjunto de recomendações de ingestão de nutrientes com o objetivo de promover a saúde e prevenir doenças.
Glúten	Uma proteína encontrada no trigo, cevada e centeio que pode causar reacções adversas em indivíduos com doença celíaca ou sensibilidade ao glúten.
Macronutrientes	Nutrientes necessários em grandes quantidades, incluindo hidratos de carbono, proteínas e gorduras, essenciais para a energia e as funções corporais.
Micronutrientes	Vitaminas e minerais necessários em pequenas quantidades que são cruciais para várias funções fisiológicas.

Prazo	Definição
Metabolismo	Os processos químicos no organismo que convertem os alimentos em energia e noutras substâncias necessárias.
Nutrição	A ciência da forma como os alimentos afectam a saúde e o bem-estar dos indivíduos.
Densidade de nutrientes	Uma medida dos nutrientes fornecidos por um alimento em relação ao seu conteúdo calórico; os alimentos ricos em nutrientes mas pobres em calorias são considerados densos em nutrientes.
Controlo das porções	Gerir a quantidade de alimentos consumidos de uma só vez para ajudar a manter um peso saudável e evitar comer em excesso.
Suplemento	Um produto tomado por via oral que contém um ou mais nutrientes, destinado a melhorar a dieta.
Dieta terapêutica	Uma dieta especificamente concebida para gerir ou tratar um problema de saúde, como a diabetes ou a hipertensão.
Vegetariano/Vegan	Padrões alimentares que excluem a carne (vegetarianos) ou todos os produtos de origem animal (veganos), muitas vezes escolhidos por razões de saúde ou éticas.

Conteúdo

CAPÍTULO UM: INTRODUÇÃO À DIETOTERAPIA

Objectivos de aprendizagem

Capítulo Um: Introdução à Dietoterapia

- ✓ **Definir dieta e dietoterapia**
- ✓ **Identificar o papel da nutrição na saúde**
- ✓ **Compreender as diretrizes dietéticas**
- ✓ **Explorar o contexto histórico da dietoterapia**
- ✓ **Descrever os tipos de dietas terapêuticas**
- ✓ **Diferenciar entre nutrição e dietoterapia**
- ✓ **Avaliar o papel do dietista e do nutricionista**
- ✓ **Discutir a importância da nutrição personalizada**
- ✓ **Avaliar as barreiras a uma terapia dietética eficaz**

1.0 INTRODUÇÃO

A dietoterapia, também conhecida como terapia nutricional médica (TNM), é uma abordagem terapêutica para gerir as condições de saúde através da utilização de intervenções dietéticas específicas. Esta forma de terapia é adaptada às necessidades individuais e é utilizada para prevenir, tratar e gerir doenças ou problemas de saúde.

A dieta é um aspeto muito importante da terapia para muitos estados de doença, complementando e até substituindo a terapia medicamentosa em alguns casos. As intervenções dietéticas são uma componente central da prevenção e gestão da doença.

Uma nutrição adequada desempenha um papel fundamental tanto na prevenção como no tratamento de muitas doenças e perturbações crónicas. A prática da nutrição terapêutica envolve o fornecimento de nutrientes para manter e ou restaurar uma nutrição e saúde óptimas.

As intervenções nutricionais durante a doença podem implicar modificações das dietas de modo a fornecer dietas terapêuticas. As dietas terapêuticas são dietas normais que são alteradas em certos aspectos (qualitativa e quantitativamente) para responder às necessidades modificadas dos indivíduos que sofrem de certas doenças.

A modificação qualitativa afecta a forma da dieta, por exemplo, a textura e a consistência, enquanto as modificações quantitativas envolvem alterações no conteúdo de todos ou de alguns nutrientes específicos.

1.1 DEFINIÇÕES

Dieta: é definida como um alimento que contém todos os nutrientes numa quantidade suficiente e numa proporção adequada.

A dietoterapia é o ramo da dietética que se ocupa da utilização dos alimentos para fins **terapêuticos**. É um método de alimentação prescrito por um médico para melhorar a saúde.

Alimento: é definido como qualquer sólido ou líquido que, quando ingerido, permite ao organismo realizar qualquer uma das suas funções vitais.

Nutrição: A nutrição refere-se ao processo de obtenção dos alimentos necessários para a saúde e o crescimento. Envolve a ingestão, absorção e utilização de nutrientes essenciais pelo organismo.

Malnutrição: A desnutrição refere-se a deficiências, excessos ou desequilíbrios na ingestão de energia e/ou nutrientes de uma pessoa. Isto pode levar à subnutrição ou à sobrenutrição.

As dietas terapêuticas são modificadas em função dos nutrientes, da textura e das alergias ou intolerâncias alimentares. São pedidas para manter, restabelecer e corrigir o estado nutricional, diminuir as calorias para controlar o peso e fornecer calorias suplementares para aumentar o peso. Também equilibra a quantidade de hidratos de carbono, gorduras e proteínas para o controlo da diabetes.

A dietoterapia, uma prática de base biológica, utiliza regimes dietéticos especializados

- ✓ Tratar ou prevenir uma doença específica (como o cancro ou doenças cardiovasculares)
- ✓ De um modo geral, promover o bem-estar
- ✓ Desintoxicar o organismo (neutralizando ou eliminando as toxinas do organismo)

1.2 SELECÇÃO DE ALIMENTOS:

Seleção dos alimentos - Porque é que comemos como comemos?

1. **Factores biológicos**

   ✓ Sinais de fome e apetite - O nosso corpo envia sinais fisiológicos sobre quando precisamos de comer e o que nos apetece.

   ✓ Preferências gustativas - Estamos programados para preferir sabores doces, salgados e gordurosos que, historicamente, indicam alimentos muito calóricos.

   ✓ Cultura e educação - As nossas preferências alimentares são fortemente moldadas pelos alimentos a que fomos expostos durante o nosso crescimento.

2. **Factores psicológicos**

   ✓ Humor e emoções - Muitas vezes utilizamos os alimentos como conforto, recompensa ou para gerir o stress e as emoções.

   ✓ Hábitos e rotinas - Os padrões alimentares enraízam-se através da repetição ao longo do tempo.

   ✓ Percepções de alimentação saudável - As nossas crenças sobre o que constitui uma alimentação "saudável" influenciam as nossas escolhas.

3. **Factores ambientais**

   ✓ Acessibilidade e disponibilidade dos alimentos - Os alimentos que podemos obter e comprar facilmente desempenham um papel importante.

   ✓ Influências sociais e dos pares - A família, os amigos e as normas sociais têm impacto nos nossos comportamentos alimentares.

   ✓ Marketing e publicidade - O marketing alimentar inteligente molda os nossos desejos subconscientes.

4. **Factores económicos**

   ✓ Rendimento e preços dos alimentos - As pessoas com rendimentos mais baixos podem ter de dar prioridade a alimentos baratos e densos em calorias.

   ✓ Tempo e conveniência - Os estilos de vida ocupados podem levar à dependência de alimentos rápidos e processados.

5. **Factores globais e de sustentabilidade**

   ✓ Sustentabilidade e impacto ambiental - As preocupações com o abastecimento alimentar, as alterações climáticas e a ética são influências crescentes.

   ✓ Produção e distribuição de alimentos - O comércio mundial, as políticas e a tecnologia determinam a disponibilidade de alimentos.

Os nutrientes:

6 classes de nutrientes essenciais

1. Hidratos de carbono
2. Proteínas
3. Lípidos
4. Vitaminas
5. Minerais
6. Água

Os nutrientes.

- **Os macronutrientes** são necessários ao organismo em quantidades relativamente grandes (medidas em gramas)
    1) Hidratos de carbono
    2) Proteína
    3) Lípidos
- **Os micronutrientes** são necessários em pequenas quantidades (medidas em miligramas ou microgramas)
    1. Vitaminas
    2. Minerais
- **Medidas de energia**
    - Quilocalorias - medida da energia dos alimentos
    - Quilojoules - unidade internacional de energia alimentar
    - 1 kcal = 4,2 kJ

As principais funções dos alimentos são:

- Fornecimento de energia.
- Construção e reparação de carroçarias.
- Manutenção e regulação da função dos tecidos.
- Proteger o organismo das doenças.

1.3 Classificação dos alimentos:

Existem muitas formas de classificar os alimentos:

1. **Classificação por origem**:

a) Alimentos de origem animal

b) Alimentos de origem vegetal

2. Classificação por composição química:

- Proteínas
- Gorduras
- Hidratos de carbono
- Minerais
- Vitaminas

3. **Classificação por função predominante**:

a. Alimentos para fortalecer o corpo

b) Alimentos energéticos

c) Alimentos protectores

1.4 OS FACTORES QUE AFECTAM AS NECESSIDADES DE ENERGIA DOS ALIMENTOS SÃO:

Os principais factores que afectam as necessidades do organismo em termos de energia proveniente dos alimentos são

1. **Nível de atividade:**
   - ✓ Os indivíduos mais activos necessitam de mais calorias e energia dos alimentos para alimentar o esforço físico e o movimento.
   - ✓ Os indivíduos sedentários têm necessidades energéticas mais baixas.
2. **Idade e fase da vida:**

- ✓ As crianças e os adolescentes em crescimento têm necessidades calóricas mais elevadas para o seu desenvolvimento e crescimento.
- ✓ As necessidades energéticas diminuem com a idade, à medida que o metabolismo abranda.
- ✓ As mulheres grávidas e a amamentar têm necessidades energéticas acrescidas.

3. **Tamanho e composição do corpo:**
   - ✓ Os indivíduos maiores, com mais massa muscular, necessitam geralmente de mais calorias.
   - ✓ Os indivíduos com percentagens mais elevadas de gordura corporal têm necessidades energéticas mais baixas.
4. **Taxa Metabólica Basal (BMR):**
   - ✓ A TMB é a quantidade mínima de energia necessária para manter as funções vitais do corpo.
   - ✓ A TMB é influenciada por factores como a genética, o sexo e a função da tiroide.

5. **Efeito termogénico dos alimentos:**
   - ✓ O corpo gasta uma pequena quantidade de energia para digerir, absorver e metabolizar os alimentos.
   - ✓ Este efeito térmico varia consoante o tipo de macronutriente (proteínas, hidratos de carbono, gorduras).
6. **Condições ambientais:**
   - ✓ As temperaturas extremas (quentes ou frias) podem aumentar as necessidades energéticas, uma vez que o corpo trabalha para manter a homeostasia.
   - ✓ A altitude também pode afetar as necessidades calóricas.
7. **Condições de saúde:**
   - ✓ Certos problemas médicos como a diabetes, perturbações da tiroide ou lesões podem afetar as necessidades energéticas.

1.5 FACTORES QUE DETERMINAM A MODIFICAÇÃO DA DIETA

Existem vários factores-chave que podem influenciar a necessidade de modificações ou alterações na dieta:

1. **Condições de saúde:**
   - ✓ Certos diagnósticos médicos, como a diabetes, as doenças cardíacas ou as alergias alimentares, podem exigir alterações alimentares específicas para gerir os sintomas e evitar complicações.
   - ✓ Doenças como a tensão arterial elevada, o colesterol elevado ou perturbações gastrointestinais requerem frequentemente ajustamentos alimentares.
2. **Deficiências de nutrientes:**
   - ✓ Se os testes laboratoriais ou as avaliações clínicas revelarem deficiências de vitaminas, minerais ou outros nutrientes essenciais, as alterações alimentares podem ajudar a resolver esses desequilíbrios.
   - ✓ Por exemplo, a anemia pode exigir o aumento de alimentos ricos em ferro, enquanto a deficiência de vitamina D pode exigir mais fontes alimentares deste nutriente.
3. **Fase de vida e idade:**
   - ✓ As necessidades alimentares podem variar ao longo da vida, com necessidades diferentes para crianças, adolescentes, adultos e idosos.
   - ✓ A gravidez, a amamentação e o envelhecimento podem afetar a ingestão alimentar ideal.
4. **Níveis de atividade física:**
   - ✓ Os indivíduos mais activos necessitam geralmente de uma maior ingestão de calorias e macronutrientes para suportar o seu gasto energético.
   - ✓ O tipo e a intensidade da atividade física também podem influenciar as necessidades ideais de nutrientes.
5. **Preferências e crenças pessoais:**
   - ✓ As preferências alimentares de um indivíduo, os seus antecedentes culturais, crenças religiosas ou preocupações éticas (por exemplo, vegetarianismo) podem exigir modificações na dieta.

6. **Objectivos de gestão do peso:**

   ✓ As pessoas que estão a tentar perder, ganhar ou manter um peso saudável podem ter de ajustar a sua ingestão de calorias e macronutrientes em conformidade.

7. **Intolerâncias e alergias alimentares:**

   ✓ Evitar alimentos problemáticos é crucial para indivíduos com sensibilidades alimentares, intolerâncias ou alergias potencialmente fatais.

8. **Medicamentos e suplementos:**

   ✓ Certos medicamentos sujeitos a receita médica ou suplementos de venda livre podem exigir alterações na dieta para otimizar a sua eficácia ou evitar interações.

1.6 AS ADAPTAÇÕES MAIS COMUNS DA DIETA TERAPÊUTICA INCLUEM

a. Alteração da consistência de modo a fornecer dietas moles ou fluidas (líquidas)

b. Alteração do teor energético para fornecer dietas hipercalóricas, com restrição calórica ou com controlo de calorias

c. Alteração do teor de um ou mais nutrientes, por exemplo, dieta rica ou pobre em proteínas, dieta com restrição de sódio ou dieta controlada, dieta com restrição de gorduras ou dieta controlada

d. Alteração do teor de fibras para proporcionar um teor de fibras elevado ou restrito

e. Alteração da frequência da alimentação

f. Alteração do modo de alimentação

g. Exclusão de determinados alimentos em situações de alergia confirmada e grave

Definição: O Índice de Massa Corporal (IMC) é o peso de uma pessoa em quilogramas dividido pelo quadrado da altura em metros. Um IMC elevado pode ser um indicador de gordura corporal elevada.

Quadro 1: critérios de explicação do índice de massa corporal em função do peso

Nutritional Status based on WHO and 'Asian criteria' values		
Nutritional status	**WHO Criteria BMI cut-off**	**'Asian Criteria' BMI cut-off**
Underweight	< 18.5	< 18.5
Normal	18.5 – 24.9	18.5 – 22.9
Overweight	25 – 29.9	23 – 24.9
Pre-Obese	–	25 – 29.9
Obese	>= 30	>= 30
Obese Type 1 (obese)	30 – 40	30 – 40
Obese Type 2 (morbid obese)	40.1 – 50	40.1 – 50
Obese Type 3 (super obese)	> 50	> 50

HOW TO CALCULATE BODY MASS INDEX

$$BMI = \frac{Weight\,(kg)}{[Height(m)]^2}$$

VIKASFITNESSGUIDE.COM

Body Mass Index

- Formula:
- Weight (Kg) ÷ Height $(M)^2$
- Example:
- Height = 173 cm (1.73 m) Weight = 73 kg
  Calculation: 73÷ (1.73) x 2 = 24.41

1.7 O PAPEL DA NUTRIÇÃO NA SAÚDE É UM TEMA CRUCIAL E MULTIFACETADO.

1. **Fornecimento de nutrientes essenciais:**

   - ✓ A nutrição fornece ao organismo os macronutrientes (hidratos de carbono, proteínas, gorduras) e os micronutrientes (vitaminas, minerais e antioxidantes) necessários ao bom funcionamento, crescimento e desenvolvimento do corpo.
   - ✓ A ingestão adequada destes nutrientes essenciais ajuda a apoiar o sistema imunitário, a função dos órgãos, a reparação dos tecidos e os processos fisiológicos em geral.

1. **Prevenir e gerir as doenças crónicas:**

   - ✓ Uma dieta equilibrada e rica em nutrientes pode ajudar a reduzir o risco de desenvolver doenças crónicas, como doenças cardíacas, diabetes tipo 2, certos tipos de cancro e doenças neurodegenerativas.
   - ✓ Uma nutrição adequada pode também ajudar na gestão e no tratamento destas doenças crónicas, muitas vezes em conjunto com outras modificações do estilo de vida e intervenções médicas.

2. **Manutenção de um peso corporal saudável:**

   - ✓ A nutrição desempenha um papel fundamental na obtenção e manutenção de um peso corporal saudável, o que é importante para reduzir o risco de problemas de saúde relacionados com a obesidade, como a tensão arterial elevada, o colesterol elevado e problemas nas articulações.
   - ✓ O equilíbrio adequado de calorias e macronutrientes, juntamente com o consumo de alimentos ricos em nutrientes, pode apoiar os esforços de controlo do peso.

3. **Promover uma saúde física e mental óptima:**

   - ✓ Uma nutrição adequada apoia o desempenho físico, os níveis de energia e o bem-estar físico geral, permitindo que os indivíduos pratiquem uma atividade física regular e mantenham um estilo de vida ativo.

- ✓ Certos nutrientes, como os ácidos gordos ómega 3, as vitaminas B e os antioxidantes, têm sido associados a uma melhor função cognitiva, humor e saúde mental.

4. **Apoiar o crescimento e o desenvolvimento:**

- ✓ Uma nutrição adequada é crucial durante as fases críticas da vida, como a infância, a adolescência e a gravidez, para garantir um crescimento adequado, o desenvolvimento dos órgãos e a saúde em geral.
- ✓ As deficiências nutricionais durante estes períodos de desenvolvimento podem conduzir a vários problemas de saúde, incluindo atrasos de crescimento, perturbações da função cognitiva e malformações congénitas.

5. **Melhorar a função imunitária:**

- ✓ Nutrientes como a vitamina C, o zinco e o selénio desempenham papéis importantes no apoio ao sistema imunitário e ajudam o corpo a combater infecções e doenças.
- ✓ Uma dieta bem equilibrada, rica numa variedade de alimentos integrais e ricos em nutrientes, pode ajudar a reforçar o sistema imunitário e a melhorar a resistência geral às doenças.

1.8 COMPREENDER AS ORIENTAÇÕES DIETÉTICAS

As orientações dietéticas são recomendações baseadas em provas, concebidas para promover a saúde, prevenir doenças crónicas e ajudar os indivíduos a fazerem escolhas alimentares informadas.

1. Objetivo das orientações dietéticas

- **Promoção da saúde**: Incentivar padrões alimentares saudáveis que contribuam para a saúde e o bem-estar geral.
- **Prevenção de doenças**: Reduzir o risco de doenças crónicas como a obesidade, a diabetes, as doenças cardiovasculares e certos tipos de cancro.
- **Educação nutricional**: Informar os indivíduos sobre o valor nutricional dos diferentes alimentos e como utilizar esse conhecimento para fazer escolhas mais saudáveis.

2. Componentes principais das diretrizes dietéticas

- ✓ **Grupos de alimentos**: Recomendações para vários grupos de alimentos, incluindo frutas, legumes, cereais, fontes de proteínas e lacticínios. As diretrizes sugerem frequentemente proporções e tamanhos de porções para cada grupo.
- ✓ **Recomendações de nutrientes**: Recomendações específicas para nutrientes essenciais, incluindo vitaminas, minerais, proteínas, fibras e gorduras saudáveis. Estas podem incluir Valores Diários (VD) ou Doses Dietéticas Recomendadas (DDR) para vários grupos etários e populações.
- ✓ **Limitações de certos nutrientes**: As diretrizes recomendam frequentemente limites de açúcares, gorduras saturadas, gorduras trans e sódio para minimizar os riscos associados à ingestão excessiva.

3. Princípios dos padrões de alimentação saudável

- **Variedade**: Dar ênfase a uma dieta diversificada que inclua vários grupos de alimentos para garantir uma gama de nutrientes.
- **Equilíbrio**: Incentivar um equilíbrio entre a ingestão de calorias e a atividade física para manter um peso saudável.
- **Moderação**: Promover a moderação no tamanho das porções e no consumo de alimentos ricos em açúcares adicionados, gorduras saturadas e sódio.

4. Aplicações das diretrizes dietéticas

- **Educação nutricional**: Utilizada por prestadores de cuidados de saúde, dietistas e educadores para informar e orientar indivíduos e comunidades.
- **Desenvolvimento de políticas**: Servir de base para o desenvolvimento de políticas alimentares nacionais, programas de refeições escolares e iniciativas de saúde pública.
- **Planeamento de refeições**: Ajudar os indivíduos e as famílias a fazer escolhas alimentares saudáveis e a planear refeições equilibradas em casa.

5. Desafios e considerações

- **Sensibilidade cultural**: As diretrizes dietéticas devem ser adaptáveis a diversas práticas culturais e preferências dietéticas.

- **Factores socioeconómicos**: Consideração das barreiras enfrentadas pelos indivíduos no acesso a alimentos saudáveis, tais como o custo e a disponibilidade.
- **Personalização**: Adaptar as diretrizes para satisfazer as necessidades de saúde individuais e as restrições alimentares (por exemplo, alergias, doenças crónicas).

1.9 DIFERENCIAÇÃO ENTRE NUTRIÇÃO E DIETOTERAPIA

1. Definições

Nutrição

- **Conceito geral**: A nutrição refere-se à ciência de como o corpo utiliza os alimentos para o crescimento, manutenção e saúde em geral. Engloba o estudo dos nutrientes (hidratos de carbono, proteínas, gorduras, vitaminas, minerais e água) e as suas interações com o organismo.
- **Âmbito**: A nutrição centra-se principalmente nos aspectos gerais da ingestão alimentar, nas necessidades de nutrientes, nos sistemas alimentares e no impacto dos diferentes alimentos na saúde. Analisa os padrões e hábitos alimentares gerais.

Dietoterapia

- **Intervenção específica**: A dietoterapia, também conhecida como nutrição terapêutica, refere-se à aplicação de protocolos dietéticos específicos, concebidos para gerir ou prevenir condições de saúde e doenças específicas. Envolve a criação de planos dietéticos concebidos para ajudar os indivíduos a alcançar resultados de saúde específicos.
- **Foco**: O foco da dietoterapia é a aplicação clínica, abordando necessidades nutricionais específicas associadas a várias condições médicas (por exemplo, diabetes, doenças cardíacas, alergias).

2. Objetivo

Nutrição

- **Preventiva e holística**: O objetivo global da nutrição é promover a saúde geral, prevenir as carências de nutrientes e apoiar o funcionamento ótimo do organismo em todas as fases da vida. Engloba uma abordagem mais alargada da alimentação e da saúde.

Dietoterapia

- **Clínica e direcionada**: O principal objetivo da dietoterapia é fornecer intervenções dietéticas personalizadas que abordem especificamente condições médicas ou problemas de saúde. O seu objetivo é ter impacto nos resultados clínicos, gerir os sintomas e melhorar a qualidade de vida dos pacientes com problemas de saúde específicos.

1.10 PRINCÍPIOS DIETÉTICOS ISLÂMICOS

Os princípios dietéticos islâmicos estão enraizados no rico enquadramento espiritual e ético fornecido pelo Alcorão e pelos ensinamentos do Profeta Maomé. Estas diretrizes não só determinam o que é permitido comer, como também sublinham a importância da saúde, da higiene e das considerações éticas no consumo de alimentos. No centro destes princípios estão os conceitos de **halal** (permitido) e **haram** (proibido), que ditam as escolhas alimentares de milhões de muçulmanos em todo o mundo.

Para além das proibições específicas, as leis dietéticas islâmicas incentivam comportamentos que promovem a moderação, a limpeza e a compaixão para com os animais. Ao aderir a estes princípios, os muçulmanos pretendem alinhar as suas práticas alimentares com a sua fé, promovendo uma abordagem holística à saúde e à espiritualidade. A compreensão destas diretrizes fornece uma visão sobre um modo de vida que valoriza tanto a alimentação física como a responsabilidade ética.

As práticas alimentares islâmicas têm a sua origem no Alcorão e nos ensinamentos do Profeta Maomé (que a paz esteja com ele). Alguns princípios fundamentais incluem:

1. **Halal e Haram**: O Alcorão indica quais os alimentos que são permitidos (halal) e quais os que são proibidos (haram). Os alimentos halal incluem carnes de animais permitidos, frutos, legumes, cereais e lacticínios. Os alimentos haram incluem a carne de porco, os animais carnívoros, as aves de rapina e os intoxicantes.

2. **Moderação e equilíbrio**: O Islão dá ênfase à moderação no comer e no beber. O excesso de comida e a gula são desencorajados. O Profeta encorajava a comer apenas até se estar confortavelmente satisfeito.

3. **Limpeza e pureza**: As leis dietéticas islâmicas enfatizam a importância da limpeza, tanto física como espiritual, na preparação e consumo de alimentos.
4. **Zabiha (Abate)**
    - ✓ Os animais devem ser abatidos de uma forma específica, conhecida como Zabiha, que inclui a invocação do nome de Alá antes do abate e a garantia de que o animal é tratado com humanidade.
5. **Proibição de certos alimentos**
    - ✓ **Carne de porco**: O consumo de carne de porco ou de quaisquer produtos à base de carne de porco é estritamente proibido.
    - ✓ **Sangue**: Qualquer forma de sangue é considerada haram.
    - ✓ **Álcool**: São proibidas todas as intoxicações, incluindo as bebidas alcoólicas.
6. **Jejum**
    - ✓ Durante o mês do Ramadão, os muçulmanos jejuam desde o amanhecer até ao pôr do sol, abstendo-se de comer e beber. Esta prática favorece a reflexão espiritual e a comunidade.
7. **Considerações éticas**
    - ✓ Muitos muçulmanos procuram consumir alimentos de origem ética, em consonância com os princípios islâmicos mais amplos de compaixão e respeito pelos seres vivos.
8. **Comunidade e partilha**
    - ✓ A partilha de alimentos com outros é altamente encorajada, fomentando os laços comunitários e a generosidade.

1.11 DESENVOLVIMENTO HISTÓRICO DA DIETOTERAPIA ISLÂMICA

1. **Início do período islâmico (séculos VII a XIII)**: Durante este período, os académicos e médicos islâmicos desenvolveram sistemas abrangentes de terapia dietética, integrando os princípios do Alcorão com as tradições médicas gregas e persas. As figuras-chave incluem:
    - Al-Razi (Rhazes): Foi pioneiro na utilização de tratamentos dietéticos para várias doenças.

- Avicena (Ibn Sina): Combinou recomendações dietéticas no seu influente texto médico.

2. **Idade de Ouro da Medicina Islâmica (séculos IX-XIII)**: Os médicos muçulmanos deram contributos significativos para o campo da dietoterapia, explorando as relações entre a alimentação, a saúde e a espiritualidade. Trabalhos de académicos como al-Biruni e al-Zahrawi discutiram as propriedades terapêuticas dos alimentos.

Al-Biruni (973-1048)

- **Nome completo**: Abu Rayhan al-Biruni
- **Antecedentes**: Estudioso persa, al-Biruni deu contributos significativos em vários domínios, incluindo a matemática, a astronomia, a geografia e a medicina.

Al-Zahrawi (936-1013)

- **Nome completo**: Abu al-Qasim al-Zahrawi (também conhecido por Abulcasis)
- **Antecedentes**: Um proeminente médico e cirurgião andaluz, al-Zahrawi é frequentemente referido como o pai da cirurgia moderna.

3. **Declínio e dispersão (séculos XIII-XIX)**: Com a deslocação dos centros de ensino e medicina islâmicos, os sistemas abrangentes de dietoterapia entraram em declínio. No entanto, as práticas dietéticas tradicionais continuaram a ser observadas nas comunidades muçulmanas em todo o mundo.
4. **Era moderna (séculos XX e XXI)**: Nas últimas décadas, tem-se verificado um interesse renovado na integração dos princípios dietéticos islâmicos com a ciência nutricional moderna. Estudiosos muçulmanos e profissionais de saúde exploraram os potenciais benefícios da dietoterapia islâmica tradicional para o bem-estar físico, mental e espiritual.

1.12 PERSPECTIVAS HISTÓRICAS SOBRE ALIMENTAÇÃO E SAÚDE

A relação entre a alimentação e a saúde é reconhecida há séculos:

- **Tempos antigos**: As primeiras civilizações, incluindo os gregos e os egípcios, compreenderam a importância da alimentação na promoção da saúde e no tratamento das doenças. Hipócrates afirmou a famosa frase: "Que a comida seja o teu remédio".

- **Idade Média**: O conceito de equilíbrio dos humores (sangue, fleuma, bílis amarela e bílis negra) era predominante. A dieta era utilizada como um instrumento para restabelecer o equilíbrio.

✓ **A "fleuma"** refere-se a um líquido espesso e viscoso produzido pelas membranas mucosas do sistema respiratório. Desempenha um papel na retenção de agentes patogénicos e partículas, ajudando na sua remoção do corpo.

✓ **O "sangue"** é um fluido vital no corpo que transporta oxigénio e nutrientes para as células, remove produtos residuais e desempenha um papel fundamental na resposta imunitária e na regulação da temperatura.

✓ **Bílis amarela**

Definição: A bílis amarela é um líquido digestivo produzido pelo fígado e armazenado na vesícula biliar.

Implicações para a saúde: Pensava-se que um excesso de bílis amarela conduzia a um temperamento colérico, caracterizado por irritabilidade, raiva e tendência para problemas digestivos. Os desequilíbrios podem resultar em doenças como febres ou problemas gastrointestinais

✓ **Bílis negra**

Definição: A bílis negra era uma substância hipotética que se acreditava ser produzida pelo organismo, ligada ao processo digestivo.

Implicações para a saúde: Pensava-se que um excesso de bílis negra conduzia a um temperamento melancólico, associado à tristeza, depressão e introspeção. Acreditava-se que contribuía para várias perturbações do humor e doenças físicas.

- **Século XIX**: A descoberta das vitaminas e do seu papel na prevenção de doenças como o escorbuto e o beribéri realçou a importância da alimentação.
- **Século XX**: O desenvolvimento de diretrizes dietéticas e a nutrição clínica como profissão emergiram, abrindo caminho para a dietoterapia como parte integrante dos cuidados de saúde.

1.13 PRINCÍPIOS DA TERAPIA NUTRICIONAL MÉDICA

A Terapia Nutricional Médica baseia-se em vários princípios-chave que orientam a sua eficácia:

1. **Individualização**: As intervenções dietéticas devem ser personalizadas com base nas necessidades de saúde individuais, preferências e factores de estilo de vida.
2. **Prática baseada em evidências**: Utilizar a investigação atual e as diretrizes clínicas para informar as recomendações dietéticas e os planos de tratamento.
3. **Foco na alimentação**: Dar ênfase aos alimentos integrais e às opções ricas em nutrientes em vez de nutrientes isolados ou suplementos.
4. **Mudanças comportamentais**: Incentivar modificações sustentáveis no estilo de vida que promovam o bem-estar nutricional e previnam a progressão da doença.
5. **Monitorização e avaliação contínuas**: Avaliar regularmente a eficácia das intervenções dietéticas e efetuar os ajustamentos necessários com base no feedback dos doentes e nos resultados em termos de saúde.
6. **Abordagem interdisciplinar**: Colaboração com outros profissionais de saúde, como médicos, enfermeiros e dietistas, para garantir cuidados abrangentes.

1.14 CONCLUSÃO

A introdução da dietoterapia sublinha a sua importância na promoção da saúde e no controlo de doenças. Ao compreender a sua definição, contexto histórico e princípios fundamentais, os profissionais de saúde podem utilizar melhor a dietoterapia na prática clínica para melhorar os resultados dos pacientes.

CAPÍTULO UM: PERGUNTAS E RESPOSTAS DE REVISÃO

SECÇÃO UM: PERGUNTAS DIRECTAS

1. Definir dietoterapia e o seu objetivo principal.
2. Qual é a diferença entre modificações dietéticas qualitativas e quantitativas?
3. Enumere e descreva brevemente cinco factores que influenciam a seleção de alimentos.
4. Quais são as seis classes de nutrientes essenciais?
5. Explicar a diferença entre macronutrientes e micronutrientes, dando exemplos de cada um.

Respostas

1. **A dietoterapia** é uma abordagem terapêutica que utiliza intervenções dietéticas específicas para gerir condições de saúde, adaptadas às necessidades de um indivíduo, com o objetivo de prevenir, tratar e gerir doenças ou problemas de saúde.
2. **As modificações qualitativas** referem-se a alterações na textura e consistência da dieta, enquanto **as modificações quantitativas** envolvem alterações na quantidade de nutrientes específicos ou na ingestão calórica global.
3. Os factores que influenciam a seleção de alimentos incluem:
   - **Factores biológicos:** Sinais de fome, preferências gustativas.
   - **Factores psicológicos:** Estado de espírito, hábitos alimentares.
   - **Factores ambientais:** Acessibilidade dos alimentos, influências sociais.
   - **Factores económicos:** Rendimento, preços dos géneros alimentícios.
   - **Factores globais:** Preocupações com a sustentabilidade e produção mundial de alimentos.
4. As **seis classes de nutrientes essenciais** são:
   - Hidratos de carbono
   - Proteínas
   - Lípidos (gorduras)
   - Vitaminas
   - Minerais

- Água

5. **Os macronutrientes** são necessários em quantidades maiores (por exemplo, hidratos de carbono, proteínas, lípidos), enquanto **os micronutrientes** são necessários em quantidades menores (por exemplo, vitaminas e minerais).

SECÇÃO DOIS: ESTUDOS DE CASO

Estudo de caso 2

Perfil do doente:

- **Idade:** 32 anos
- **Sexo:** Masculino
- **Estado de saúde:** Obesidade
- **Peso atual:** 113,4 kg (250 lbs)
- **Altura:** 183 cm (6 ft 0 in)

Questão:

Conceber um plano de dieta terapêutica simples para este paciente para promover a perda de peso.

Resposta:

Um plano de dieta terapêutica pode incluir:

1. **Ingestão calórica:** Procurar um défice calórico modesto de 500-1000 kcal/dia para promover uma perda de peso constante (aproximadamente 0,45-0,9 kg/semana ou 1-2 lbs/semana).
2. **Limitar os alimentos transformados:** Incentivar alimentos integrais e não processados, reduzindo
3. ingestão de alimentos com elevado teor calórico e baixo teor de nutrientes.
4. **Hidratação:** Recomenda-se beber muita água ao longo do dia e limitar as bebidas açucaradas

Estudo de caso 2

Perfil do doente:

- Idade: 40 anos
- Género: Feminino
- Estado de saúde: Síndrome do intestino curto após ressecção cirúrgica

- Nutrição atual: Luta contra as carências nutricionais

Questão:

Que estratégias nutricionais devem ser implementadas para este paciente?

Resposta:

As seguintes estratégias devem ser consideradas:

1. **Alimentos ricos em nutrientes:** Dar prioridade a alimentos ricos em nutrientes mas de baixo volume para ajudar a satisfazer as necessidades energéticas sem sobrecarregar o sistema gastrointestinal.
2. **Pequenas refeições frequentes:** Recomenda-se a ingestão de refeições mais pequenas e mais frequentes para melhorar a absorção de nutrientes.
3. **Suplementação:** Considerar a possibilidade de tomar suplementos vitamínicos e minerais, especialmente vitaminas lipossolúveis (A, D, E, K) e cálcio, para colmatar eventuais deficiências.
4. **Hidratação e electrólitos:** Assegurar a ingestão adequada de líquidos e monitorizar o estado dos electrólitos, possivelmente integrando soluções de reidratação oral.

SECÇÃO TRÊS: PERGUNTAS DE ESCOLHA MÚLTIPLA

1. **Qual é o principal objetivo da dietoterapia?**
   - A) Para promover o aumento de peso
   - B) Gerir as condições de saúde através de intervenções dietéticas
   - C) Eliminar todos os grupos de alimentos
   - D) Para aumentar o apetite

   Responder: B) Gerir as condições de saúde através de intervenções dietéticas
2. **Qual das seguintes opções melhor descreve as modificações dietéticas qualitativas?**
   - A) Alterações na quantidade de nutrientes
   - B) Alterações na textura e consistência dos alimentos
   - C) Eliminação de certos grupos de alimentos
   - D) Aumentar a ingestão calórica

   Resposta: B) Alterações na textura e consistência dos alimentos

3. **Que fator NÃO é normalmente considerado na seleção de alimentos?**
   - A) Factores biológicos
   - B) Factores psicológicos
   - C) Signos astrológicos
   - D) Factores económicos

Resposta: C) Signos astrológicos.

4. **Qual das seguintes substâncias NÃO é uma das seis classes de nutrientes essenciais?**
   - A) Hidratos de carbono
   - B) Proteínas
   - C) Fibra
   - D) Lípidos

Responda: C) Fibra

5. **O que distingue os macronutrientes dos micronutrientes?**
   - A) Os macronutrientes são necessários em pequenas quantidades, enquanto os micronutrientes são necessários em grandes quantidades.
   - B) Os macronutrientes incluem as vitaminas e os minerais, enquanto os micronutrientes incluem os hidratos de carbono, as proteínas e as gorduras.
   - C) Os macronutrientes são necessários em grandes quantidades, enquanto os micronutrientes são necessários em pequenas quantidades.
   - D) Não há distinção; ambos são iguais.

Resposta: C) Os macronutrientes são necessários em grandes quantidades, enquanto os micronutrientes são necessários em pequenas quantidades.

SECÇÃO QUATRO: VERDADEIRO E FALSO

1. O principal papel da nutrição é fornecer ao organismo apenas macronutrientes.

    - **Resposta:** Falso
      (A nutrição fornece tanto os macronutrientes como os micronutrientes essenciais para o bom funcionamento do corpo).

2. Uma dieta rica em nutrientes pode ajudar a reduzir o risco de doenças crónicas, como as doenças cardíacas e a diabetes tipo 2.

    - **Resposta:** Verdadeiro

3. Uma alimentação correta não tem qualquer impacto na saúde mental.

    - **Resposta:** Falso
      (Certos nutrientes, como os ácidos gordos ómega 3 e as vitaminas B, têm sido associados a uma melhor função cognitiva e saúde mental).

4. A manutenção de um peso corporal saudável é influenciada principalmente pelo equilíbrio calórico e pelo consumo de alimentos ricos em nutrientes.

    - **Resposta:** Verdadeiro

5. As deficiências nutricionais durante a gravidez podem levar a defeitos congénitos.

    - **Resposta:** Verdadeiro

CAPÍTULO DOIS: MACRONUTRIENTES E MICRONUTRIENTES NA DIETOTERAPIA

Objectivos de aprendizagem: Macronutrientes e Micronutrientes na Dietoterapia

- ✓ Definir os nutrientes essenciais
- ✓ Identificar os macronutrientes
- ✓ Explorar Micronutrientes
- ✓ Analisar as fontes alimentares
- ✓ Avaliar as necessidades nutricionais
- ✓ Aplicar as diretrizes dietéticas
- ✓ Compreender as funções dos nutrientes
- ✓ Adaptar as recomendações dietéticas
- ✓ Promover a hidratação
- ✓ Integrar a nutrição nos cuidados aos doentes

2.0 Introdução

A dietoterapia desempenha um papel crucial na gestão de várias condições de saúde e na promoção do bem-estar geral. Compreender o equilíbrio entre os macronutrientes e os micronutrientes é essencial para criar planos dietéticos eficazes e adaptados às necessidades individuais.

Os macronutrientes, que incluem os hidratos de carbono, as proteínas e as gorduras, fornecem a energia necessária para as funções corporais e são vitais para o crescimento, a reparação e a manutenção dos tecidos. Cada macronutriente desempenha funções específicas; por exemplo, os hidratos de carbono são a principal fonte de energia do organismo, as proteínas são essenciais para a reparação muscular e para a função imunitária e as gorduras apoiam a saúde celular e a produção de hormonas.

Por outro lado, **os micronutrientes**, que incluem as vitaminas e os minerais, são necessários em quantidades menores, mas são igualmente importantes para a manutenção da saúde. Desempenham um papel fundamental nos processos metabólicos, na função imunitária e na prevenção de doenças crónicas. As deficiências ou desequilíbrios nos micronutrientes podem levar a problemas de saúde significativos, sublinhando a importância de uma dieta equilibrada.

A incorporação de macronutrientes e micronutrientes na dietoterapia não só ajuda a gerir as condições de saúde existentes, como também promove estratégias de saúde preventivas. Ao compreender a interação entre estes nutrientes, os profissionais de saúde podem conceber intervenções dietéticas abrangentes que melhorem os resultados dos doentes e apoiem a saúde a longo prazo.

Hidratos de carbono, gorduras e proteínas

1. **Hidratos de carbono**
    - **Definição**: Os hidratos de carbono são compostos orgânicos que servem como fonte primária de energia para o organismo. Encontram-se em alimentos como os cereais, as frutas, os legumes e as leguminosas.
    - **Tipos**:
        - ✓ **Hidratos de carbono simples**: Açúcares que são rapidamente absorvidos, levando a picos rápidos de glucose no sangue (por exemplo, glucose, frutose).
        - ✓ **Hidratos de carbono complexos**: Compostos por cadeias mais longas de moléculas de açúcar, o que leva a uma digestão mais lenta e a uma libertação de energia mais estável (por exemplo, amidos e fibras).
    - **Papel na dietoterapia**: Os hidratos de carbono são essenciais para a obtenção de energia, especialmente para o funcionamento do cérebro e para a atividade física. O seu conteúdo em fibra também ajuda na digestão e na saciedade.
2. **Gorduras**
    - **Definição**: As gorduras são macronutrientes essenciais que servem como fontes de energia concentrada, ajudam a absorver as vitaminas lipossolúveis e são vitais para a estrutura celular e a produção de hormonas.
    - **Tipos**:
        - **Gorduras saturadas**: Normalmente, sólidas à temperatura ambiente; encontram-se em produtos de origem animal e em alguns óleos vegetais.

        - **Gorduras insaturadas**: Líquidas à temperatura ambiente; incluem gorduras monoinsaturadas e polinsaturadas (por exemplo, azeite, óleo de peixe).
        - **Gorduras trans**: Óleos hidrogenados artificialmente que devem ser minimizados devido aos seus efeitos adversos para a saúde.
    - **Papel na dietoterapia**: As gorduras são essenciais para a saúde do coração e para a regulação hormonal. A escolha de gorduras saudáveis pode ajudar na perda de gordura e reduzir o risco de doenças crónicas.

3. **Proteínas**
    - **Definição**: As proteínas são compostas por aminoácidos e são essenciais para o crescimento, reparação e manutenção dos tecidos do corpo.
    - **Fontes**: Fontes animais (carne, aves, peixe, lacticínios) e fontes vegetais (legumes, nozes, sementes, cereais).
    - **Proteínas Completas vs. Incompletas**: As proteínas completas contêm todos os aminoácidos essenciais (fontes animais), enquanto as proteínas incompletas carecem de um ou mais aminoácidos essenciais (a maioria das fontes vegetais).
    - **Papel na dietoterapia**: A ingestão adequada de proteínas é vital para a cicatrização de feridas, manutenção da massa muscular e função imunitária. As proteínas também podem ajudar na saciedade e no controlo do peso.

Vitaminas, minerais e água

1. **Vitaminas**
    - **Definição**: Compostos orgânicos necessários para vários processos metabólicos e para a manutenção da saúde geral.
    - **Tipos**:
        - **Vitaminas solúveis em água**: Inclui a vitamina C e as vitaminas do complexo B (B1, B2, B3, B6, B12, folato). Devem ser consumidas regularmente, uma vez que não são armazenadas no organismo.

- **Vitaminas solúveis em gordura**: Inclui as vitaminas A, D, E e K. Estas podem ser armazenadas nos tecidos do corpo e são absorvidas com a gordura da dieta.

  - **Papel na dietoterapia**: As vitaminas desempenham um papel crucial na função imunitária, na produção de energia e na integridade celular. As carências podem conduzir a problemas de saúde graves.

2. **Minerais**
   - **Definição**: Elementos inorgânicos essenciais para várias funções corporais.
   - **Tipos**:
     - **Macro-minerais**: Necessários em grandes quantidades (por exemplo, cálcio, potássio, magnésio).
     - **Minerais vestigiais**: Necessários em pequenas quantidades (por exemplo, ferro, zinco, selénio).
   - **Papel na Dietoterapia**: Os minerais são vitais para a saúde dos ossos, o equilíbrio dos fluidos, a transmissão nervosa e a função muscular. As deficiências ou desequilíbrios podem levar a problemas de saúde.
3. **Água**
   - **Definição**: Um nutriente essencial que constitui uma parte significativa do peso corporal e é crucial para os processos fisiológicos.
   - **Funções**: Ajuda na digestão, transporte de nutrientes, regulação da temperatura, lubrificação das articulações e eliminação de resíduos.
   - **Papel na Dietoterapia**: Manter a hidratação adequada é fundamental para as funções fisiológicas. A ingestão de água deve ser adaptada com base nas necessidades individuais de saúde, nível de atividade e clima.

Recomendações de ingestão de nutrientes

1. **Diretrizes dietéticas**:
   - ✓ As diretrizes alimentares nacionais, como as Dietary Guidelines for Americans, fornecem recomendações para a distribuição de macronutrientes e para a sua ingestão diária.
   - ✓ Em geral, os macronutrientes devem representar as seguintes percentagens do total de calorias diárias:

- Hidratos de carbono: 45-65%
- Gorduras: 20-35%
- Proteínas: 10-35%.

2. **Doses Dietéticas Recomendadas (DDRs)**:
   - ✓ Trata-se de recomendações específicas para a ingestão diária de nutrientes essenciais para satisfazer as necessidades dos indivíduos mais saudáveis.
   - ✓ As DDRs são estabelecidas com base na idade, sexo e fase da vida e variam para diferentes nutrientes.
3. **Considerações**:
   - ✓ As necessidades individuais podem variar em função do estado de saúde, da atividade física e de outros factores.
   - ✓ A adaptação das recomendações dietéticas para atingir objectivos de saúde específicos é fundamental na dietoterapia .

Conclusão

Compreender os macronutrientes e os micronutrientes é fundamental para a dietoterapia. A ingestão adequada de hidratos de carbono, gorduras, proteínas, vitaminas, minerais e água é vital para uma saúde óptima e para a gestão da doença. A integração destes conhecimentos nos cuidados prestados aos doentes pode aumentar significativamente a eficácia das intervenções dietéticas em contextos clínicos.

CAPÍTULO DOIS: PERGUNTAS E RESPOSTAS DE REVISÃO

SECÇÕES UM: PERGUNTAS DIRECTAS

1. **Questão:** Quais são os três principais tipos de macronutrientes essenciais para a saúde humana?
    - **Resposta:** Os três principais tipos de macronutrientes são os hidratos de carbono, as proteínas e as gorduras.
2. **Questão:** Porque é que os micronutrientes são importantes na dietoterapia?
    - **Resposta:** Os micronutrientes, incluindo as vitaminas e os minerais, são cruciais na dietoterapia porque apoiam várias funções corporais, incluindo a função imunitária, a saúde óssea e a produção de energia. São também essenciais para a prevenção e gestão de doenças crónicas.
3. **Questão:** Como é que as proteínas funcionam no corpo e porque é que são vitais na dietoterapia?
    - **Resposta:** As proteínas funcionam como blocos de construção dos músculos, tecidos, enzimas e hormonas. São vitais na dietoterapia para a reparação dos tecidos, manutenção muscular, função imunitária e como fonte de energia quando os hidratos de carbono são insuficientes.

SECÇÃO DOIS: PERGUNTAS DE ESCOLHA MÚLTIPLA

1. Qual das seguintes é uma função das gorduras alimentares no organismo?
    - A) Fornecer energia imediata
    - B) Apoiar a absorção das vitaminas lipossolúveis
    - C) Construção de tecido muscular
    - D) Aumentar o armazenamento de glicogénio
    - **Responder:** B) Apoiar a absorção de vitaminas lipossolúveis
2. Que micronutriente é essencial para o transporte de oxigénio no sangue?
    - A) Cálcio
    - B) Ferro
    - C) Vitamina D
    - D) Potássio

- **Responda:** B) Ferro

3. Que macronutriente é a principal fonte de energia para o corpo?
    - A) Proteínas
    - B) Gorduras
    - C) Hidratos de carbono
    - D) Vitaminas
    - **Responde:** C) Hidratos de carbono

4. Qual das seguintes vitaminas é lipossolúvel?
    - A) Vitamina C
    - B) Vitamina B12
    - C) Vitamina D
    - D) Vitamina B6
    - **Resposta:** C) Vitamina D.

5. Qual é o mineral mais importante para a saúde dos ossos?
    - A) Sódio
    - B) Magnésio
    - C) Cálcio
    - D) Zinco
    - **Resposta:** C) Cálcio

SECÇÃO TRÊS: PERGUNTAS DE VERDADEIRO OU FALSO

1. Os hidratos de carbono são essenciais para a função cerebral e são a fonte de energia preferida do cérebro.
    - **Resposta:** Verdadeiro

2. As carências de micronutrientes são uma preocupação rara na dietoterapia.
    - **Resposta:** Falso
      (Deficiências de micronutrientes podem ser comuns, especialmente em indivíduos com condições de saúde específicas ou dietas restritivas).

3. Os ácidos gordos ómega 3 são um tipo de proteína que ajuda na construção muscular.

- **Resposta:** Falso

  (Os ácidos gordos ómega 3 são um tipo de gordura que apoia a saúde do coração e reduz a inflamação).

4. A vitamina C é importante para a síntese de colagénio e para o suporte imunitário.

   - **Resposta:** Verdadeiro

5. A ingestão excessiva de vitaminas lipossolúveis, como a vitamina A, pode levar à toxicidade.

   - **Resposta:** Verdadeiro

SECÇÃO QUATRO: ESTUDOS DE CASOS

Estudo de caso 1

1. Perfil do paciente:

- Idade: 45 anos
- Sexo: Feminino
- Estado de saúde: Anemia por deficiência de ferro
- Hábitos alimentares: Vegetariano

Questão:

Conceber uma recomendação dietética simples para tratar a sua deficiência de ferro, tendo em conta a sua dieta vegetariana.

Resposta:

Recomendar alimentos à base de plantas ricos em ferro, como lentilhas, espinafres, tofu e cereais fortificados. Incluir alimentos ricos em vitamina C, como laranjas, pimentos e morangos, nas refeições para aumentar a absorção de ferro. Aconselhar a limitação do consumo de chá e café durante as refeições, uma vez que podem inibir a absorção do ferro.

CAPÍTULO TRÊS: AVALIAÇÃO NUTRICIONAL EM DIETOTERAPIA

Objectivos de aprendizagem

- ✓ Definir Avaliação Nutricional
- ✓ Identificar as medidas antropométricas
- ✓ Interpretar dados antropométricos
- ✓ Compreender os marcadores bioquímicos
- ✓ Interpretar resultados bioquímicos
- ✓ Avaliar a ingestão alimentar
- ✓ Analisar dados dietéticos
- ✓ Realizar um exame físico orientado para a nutrição (NFPE)
- ✓ Interpretar os resultados do NFPE
- ✓ Desenvolver intervenções direcionadas .

Introdução:

A avaliação nutricional é uma componente crítica da dietoterapia, fornecendo aos profissionais de saúde informações essenciais para desenvolver intervenções nutricionais eficazes. Esta avaliação engloba vários métodos, incluindo medições antropométricas, marcadores bioquímicos, avaliação da ingestão alimentar e exame físico centrado na nutrição.

Medidas antropométricas

As medições antropométricas envolvem a recolha sistemática de dados físicos relacionados com o tamanho, a forma e a composição do corpo. Estas medições ajudam a avaliar o estado nutricional e a monitorizar as alterações ao longo do tempo.

1. **Medidas antropométricas comuns**:
   - **Peso**: Utilizado para avaliar a massa corporal; monitorizado ao longo do tempo para identificar a perda ou o aumento de peso.
   - **Altura**: Essencial para calcular o Índice de Massa Corporal (IMC) e avaliar o crescimento e o estado nutricional em crianças e adultos.

- **Cálculo do IMC**: IMC = Peso (kg) / Altura (m^2), utilizado como ferramenta de rastreio do baixo peso, peso normal, excesso de peso e obesidade.
- **Circunferências**: As circunferências da cintura, da anca e dos membros fornecem informações sobre a distribuição da gordura corporal (por exemplo, relação cintura/quadril) e o risco de doenças metabólicas.
- **Espessura da prega cutânea**: Mede a gordura subcutânea em vários locais para estimar a percentagem de gordura corporal e avaliar as reservas de gordura

2. **Interpretação**:

✓ Os dados antropométricos são avaliados com base em gráficos de crescimento padrão, categorias de IMC e diretrizes para determinar o estado nutricional.

✓ As alterações nas medições podem indicar a eficácia das intervenções dietéticas ou a progressão das condições de saúde.

Marcadores bioquímicos

Os marcadores bioquímicos referem-se a avaliações laboratoriais que avaliam o estado nutricional através de amostras de sangue, urina ou tecidos. Estes marcadores fornecem dados objectivos sobre os níveis de nutrientes e as funções metabólicas.

1. **Testes bioquímicos comuns**:

- **Exames de sangue**: Avaliam os níveis de vitaminas, minerais e proteínas (por exemplo, albumina sérica, pré-albumina). Por exemplo,
  - **Hemoglobina**: Reflecte o estado do ferro e a capacidade de transporte de oxigénio.
  - **Glicose sérica**: Utilizada para avaliar o metabolismo dos hidratos de carbono e monitorizar a diabetes.
  - **Perfil lipídico**: Mede os níveis de colesterol e triglicéridos para avaliar o risco cardiovascular.
- **Análise de urina**: Avalia as proteínas, a glicose e os electrólitos, fornecendo informações sobre a função renal e o estado de hidratação.

2. **Interpretação**:

- Os resultados são comparados com os intervalos de referência para identificar deficiências, excessos ou desequilíbrios.
- Os dados bioquímicos, em conjunto com a informação clínica e dietética, facilitam um diagnóstico nutricional preciso e o planeamento da intervenção.

Avaliação da ingestão alimentar

A avaliação da ingestão alimentar avalia os tipos e as quantidades de alimentos e bebidas que um indivíduo consome, permitindo aos prestadores de cuidados de saúde identificar insuficiências ou excessos nutricionais.

1. **Métodos de avaliação do regime alimentar**:
   - **Recordatório alimentar de 24 horas**: Um método retrospetivo em que os doentes contam todos os alimentos e bebidas consumidos nas últimas 24 horas.
   - **Questionário de frequência alimentar (QFA)**: Uma ferramenta que pergunta aos pacientes sobre o seu consumo de alimentos específicos durante um período definido (por exemplo, semanal, mensal).
   - **Diário/Registo Alimentar**: Os participantes registam a sua ingestão de alimentos durante um determinado período de tempo, fornecendo informações pormenorizadas sobre a dieta e os padrões alimentares.
2. **Análise**:
   - Os dados destas avaliações podem ser analisados utilizando software de análise dietética para avaliar a ingestão de nutrientes em relação às recomendações dietéticas (por exemplo, DDRs, Diretrizes Dietéticas).
   - A identificação de padrões ou deficiências na ingestão alimentar ajuda a elaborar intervenções dietéticas personalizadas.

Exame físico orientado para a nutrição

O exame físico centrado na nutrição (EFN) é uma abordagem sistemática para avaliar os sinais e sintomas físicos de um paciente que podem indicar deficiências ou desequilíbrios nutricionais.

1. **Principais componentes do NFPE**:
   - **Avaliação dos sinais físicos**: Observação e palpação de sinais de desnutrição, tais como:

        - **Desgaste muscular**: Avaliação da massa e da força muscular.
        - **Distribuição de gordura**: Identificar a perda de gordura subcutânea ou a acumulação de gordura.
        - **Integridade da pele**: Avaliação da secura, lesões ou erupções cutâneas, que podem indicar deficiências de nutrientes (por exemplo, vitamina A, zinco).
        - **Estado do cabelo e das unhas**: Verificação da existência de cabelos e unhas finos ou quebradiços, sugerindo possíveis deficiências.
    - **Sinais vitais**: Monitorização de medições como a tensão arterial e o ritmo cardíaco, que podem refletir as causas dietéticas das alterações do estado de saúde.
2. **Interpretação**:
    - Os sinais físicos são correlacionados com a ingestão de alimentos e dados bioquímicos para criar uma compreensão abrangente do estado nutricional do doente.
    - O NFPE ajuda a identificar indivíduos em risco e a adaptar as intervenções para melhorar os resultados em termos de saúde.

Conclusão

A avaliação nutricional é um processo multifacetado essencial para uma terapia dietética eficaz. Ao integrar as medições antropométricas, os marcadores bioquímicos, a avaliação da ingestão alimentar e o exame físico centrado na nutrição, os profissionais de saúde podem avaliar com precisão o estado nutricional, identificar as necessidades e desenvolver intervenções específicas. Esta abordagem abrangente acaba por melhorar os cuidados prestados ao doente e promove melhores resultados em termos de saúde.

CAPÍTULO TRÊS: PERGUNTAS DE REVISÃO: AVALIAÇÃO NUTRICIONAL EM DIETOTERAPIA

SECÇÃO UM: PERGUNTAS DIRECTAS

1. **Questão:** Qual é o principal objetivo de uma avaliação nutricional na dietoterapia?
   - **Resposta:** O principal objetivo de uma avaliação nutricional em dietoterapia é avaliar o estado nutricional de um indivíduo, identificar potenciais deficiências ou excessos de nutrientes e desenvolver um plano nutricional personalizado para responder a necessidades de saúde específicas.
2. **Questão:** Indique os quatro componentes principais de uma avaliação nutricional exaustiva.
   - **Resposta:** Os quatro componentes principais de uma avaliação nutricional completa são as medidas antropométricas, os testes bioquímicos, a avaliação clínica e a avaliação dietética.
3. **Questão:** Que medidas antropométricas são normalmente utilizadas nas avaliações nutricionais?
   - **Resposta:** As medidas antropométricas normalmente utilizadas incluem o peso, a altura, o Índice de Massa Corporal (IMC), o perímetro da cintura e a espessura das pregas cutâneas.
4. **Questão:** Que papel desempenham os testes bioquímicos na avaliação nutricional?
   - **Resposta:** Os testes bioquímicos medem os níveis de nutrientes específicos, metabolitos e biomarcadores no sangue, urina ou tecidos, ajudando a identificar deficiências de nutrientes, toxicidades e estado metabólico geral.
5. **Questão:** Descrever o significado de uma avaliação dietética no contexto da avaliação nutricional.
   - **Resposta:** Uma avaliação dietética avalia a ingestão de alimentos e nutrientes, os hábitos alimentares e as preferências alimentares de um indivíduo, fornecendo informações críticas para o desenvolvimento de

um plano alimentar personalizado que satisfaça as necessidades nutricionais do indivíduo.

SECÇÃO DOIS: PERGUNTAS DE ESCOLHA MÚLTIPLA

6. **Questão:** Qual das seguintes opções é um exemplo de uma medida antropométrica?
   - A) Nível de glucose no sangue
   - B) Perímetro da cintura
   - C) Níveis séricos de ferro
   - D) Recolha de alimentos
   - **Resposta:** B) Circunferência da cintura
7. **Questão:** Que teste bioquímico é normalmente utilizado para avaliar o estado proteico?
   - A) Albumina sérica
   - B) Hemoglobina
   - C) Glicose no sangue
   - D) Perfil lipídico
   - **Resposta:** A) Albumina sérica
8. **Questão:** Qual dos seguintes métodos é normalmente utilizado para recolher dados sobre a ingestão alimentar?
   - A) Medição das pregas cutâneas
   - B) Recordatório alimentar de 24 horas
   - C) Medição da tensão arterial
   - D) Análise da urina
   - **Resposta:** B) Recordatório alimentar de 24 horas
9. **Questão:** Que sinal clínico pode indicar uma deficiência de vitamina C?
   - A) Cegueira nocturna
   - B) Sangramento das gengivas
   - C) Unhas quebradiças
   - D) Queda de cabelo

- **Resposta:** B) Sangramento das gengivas

10. **Questão:** O IMC é calculado utilizando qual das seguintes fórmulas?
    - A) Peso (kg) / Altura (cm)
    - B) Peso (kg) / (Altura (m))^2
    - C) Peso (lbs) / Altura (inches)
    - D) Circunferência da cintura (cm) / Altura (cm)
    - **Responda:** B) Peso (kg) / (Altura (m))^2
11. **Questão:** Qual das seguintes opções NÃO faz parte da avaliação clínica numa avaliação nutricional?
    - A) Exame físico
    - B) História médica familiar
    - C) Questionário de frequência alimentar
    - D) Revisão da medicação
    - **Resposta:** C) Questionário de frequência alimentar
12. **Questão:** Uma avaliação dietética que regista tudo o que uma pessoa come e bebe durante um período de tempo é conhecida como:
    - A) Diário alimentar
    - B) Questionário de frequência alimentar
    - C) Recolha de 24 horas
    - D) História da dieta
    - **Responda:** A) Diário alimentar

Perguntas de Verdadeiro ou Falso

13. **Questão:** Os testes bioquímicos, por si só, são suficientes para determinar o estado nutricional de uma pessoa.
    - **Resposta:** Falso
      (Os testes bioquímicos são importantes, mas devem ser usados em conjunto com outros métodos de avaliação, como medidas antropométricas, avaliação clínica e avaliação dietética).

14. **Questão:** Um IMC elevado indica sempre que uma pessoa não é saudável.
    - **Resposta:** Falso
      (O IMC é um indicador útil, mas não tem em conta factores como a massa muscular, a distribuição da gordura ou a saúde em geral).
15. **Questão:** A avaliação clínica na avaliação nutricional inclui a revisão da história médica e familiar do paciente.
    - **Resposta:** Verdadeiro

Estudos de caso

21. **Estudo de caso:**
    Perfil do paciente:
    - Idade: 55 anos
    - Sexo: Feminino
    - Estado de saúde: Diabetes tipo 2
    - Peso: 85 kg
    - Altura: 160 cm

    Questão:
    Calcule o IMC desta paciente e determine a sua categoria de peso de acordo com as classificações do IMC.

    Responde:
    IMC = Peso (kg) / (Altura (m))^2
    IMC = 85 kg / (1,60 m)^2
    IMC = 85 / 2,56
    IMC = 33,2

    De acordo com as classificações do IMC, um IMC de 33,2 pertence à categoria "Obeso".

CAPÍTULO QUATRO: PLANEAMENTO E IMPLEMENTAÇÃO DA DIETA TERAPÊUTICA

Objectivos de aprendizagem para o planeamento e implementação da dieta terapêutica

- ✓ Compreender os fundamentos das dietas terapêuticas:
- ✓ Avaliar as necessidades nutricionais:
- ✓ Planear dietas terapêuticas:
- ✓ Implementar dietas terapêuticas:
- ✓ Monitorizar e avaliar a eficácia do regime alimentar:
- ✓ Abordar as barreiras à adesão:
- ✓ Mantenha-se informado sobre a investigação nutricional:
- ✓ Comunicar eficazmente:

4.0 Introdução

O planeamento e a implementação eficazes de uma dieta terapêutica são cruciais para gerir as necessidades nutricionais de várias condições de saúde. Este capítulo descreve o processo de cuidados nutricionais, o planeamento de menus e a modificação de receitas, bem como abordagens para a educação e aconselhamento do doente/cliente.

Processo de cuidados nutricionais

O Processo de Cuidados Nutricionais (PCN) é uma abordagem sistemática utilizada por dietistas e prestadores de cuidados de saúde para garantir que os problemas relacionados com a nutrição são identificados e tratados. **O PCN envolve quatro etapas principais:**

1. **Avaliação**:
   - Recolher dados completos sobre o historial alimentar, as medidas antropométricas, os marcadores bioquímicos e o historial médico do doente.
   - Identificar os riscos nutricionais e avaliar o estado nutricional atual do doente.
2. **Diagnóstico**:

- Formular um diagnóstico nutricional com base nos dados da avaliação. Os diagnósticos comuns podem incluir ingestão alimentar insuficiente, ingestão calórica excessiva, função gastrointestinal alterada ou deficiências de nutrientes.
- Utilizar termos normalizados da Terminologia Internacional de Dietética e Nutrição (IDNT) para garantir clareza e consistência.

3. **Intervenção**:
   - Desenvolver um plano de intervenção nutricional personalizado, adaptado às necessidades, preferências e condições de saúde específicas do paciente.
   - As intervenções podem incluir modificações na dieta, educação nutricional e coordenação com a equipa de cuidados de saúde.
4. **Acompanhamento e avaliação**:
   - Monitorizar continuamente a evolução do paciente e avaliar a eficácia das intervenções implementadas.
   - Ajustar o plano de cuidados nutricionais com base nas alterações do estado de saúde do doente ou no feedback do doente.

Planeamento de menus e modificação de receitas

O planeamento de menus e a modificação de receitas são componentes-chave da implementação de dietas terapêuticas, permitindo a administração eficaz de dietas individualizadas.

1. **Planeamento de menus**:
   - Desenvolver ementas que estejam de acordo com os objectivos nutricionais, os requisitos dietéticos e as preferências individuais.
   - Considerar as escolhas alimentares culturais, religiosas ou pessoais para melhorar a adesão do doente à dieta.
   - Assegurar que os menus fornecem energia e nutrientes adequados, respondendo simultaneamente a preocupações de saúde específicas (por exemplo, baixo teor de sódio para a hipertensão, baixo teor de açúcar para a diabetes).
2. **Modificação da receita**:

- Modificar receitas existentes para satisfazer requisitos dietéticos terapêuticos, mantendo a palatabilidade e a atratividade. As modificações mais comuns podem incluir:
  - **Reduzir o sódio**: Utilizar ervas aromáticas e especiarias em vez de sal para dar sabor aos alimentos.
  - **Reduzir o açúcar**: Substituir o açúcar por adoçantes naturais ou ajustar o tamanho das porções.
  - **Substituição de ingredientes**: Utilizar cereais integrais em vez de cereais refinados, ou gorduras mais saudáveis (por exemplo, azeite em vez de manteiga) nas receitas.
- Assegurar que as modificações mantêm a integridade nutricional da refeição, tornando-a adequada às necessidades dietéticas do doente.

Educação e aconselhamento do paciente/cliente

A educação e o aconselhamento são essenciais para o sucesso das dietas terapêuticas. Proporcionar aos doentes e clientes o conhecimento e a motivação para efetuar mudanças na dieta pode ter um impacto significativo nos seus resultados de saúde.

1. **Educação nutricional**:
   - Educar os doentes sobre a importância da nutrição na gestão das suas condições de saúde (por exemplo, explicar o papel da fibra no controlo do açúcar no sangue para a diabetes).
   - Fornecer informações claras e acessíveis sobre as escolhas alimentares, o tamanho das porções e a leitura dos rótulos.
   - Utilize recursos visuais, folhetos e demonstrações práticas (por exemplo, aulas de culinária) para melhorar a compreensão.
2. **Técnicas de aconselhamento**:
   - Estabelecer uma relação e uma relação de confiança com o doente para criar um ambiente favorável à mudança.
   - Utilizar técnicas de entrevista motivacional para encorajar os pacientes a expressarem os seus pensamentos, sentimentos e motivações relativamente a mudanças na dieta.

- o Estabelecer objectivos realistas e exequíveis com o doente para facilitar mudanças de comportamento sustentadas. Isto pode incluir ajustamentos graduais à sua dieta em vez de mudanças drásticas.

3. **Apoio de acompanhamento**:
   - o Programar visitas de acompanhamento para avaliar os progressos, abordar os desafios e reforçar a formação.
   - o Incentivar os doentes a manter diários alimentares ou a utilizar aplicações móveis para controlar a ingestão de alimentos e monitorizar os objectivos nutricionais.

Conclusão

O planeamento e a implementação da dieta terapêutica desempenham um papel vital na gestão das condições de saúde através da nutrição. O Processo de Cuidados Nutricionais fornece um quadro estruturado para avaliar e abordar as necessidades dietéticas individuais. Através de um planeamento eficaz dos menus, da modificação das receitas e de uma educação e aconselhamento abrangentes dos doentes, os profissionais de saúde podem capacitá-los para fazerem escolhas alimentares informadas que promovam uma saúde e um bem-estar óptimos. Esta abordagem multifacetada é essencial para melhorar a adesão dos doentes a dietas terapêuticas e obter resultados de saúde positivos.

CAPÍTULO 5: AS DIETAS TERAPÊUTICAS HABITUAIS OU DIETAS COMUNS

5.0 Introdução

As dietas terapêuticas padrão são planos de refeições especificamente concebidos com o objetivo de gerir ou prevenir várias condições de saúde, promovendo simultaneamente o bem-estar geral. Estas dietas são adaptadas para satisfazer as necessidades nutricionais únicas dos indivíduos com base nos seus diagnósticos médicos, factores de estilo de vida e restrições alimentares. Ao concentrarem-se em composições específicas de nutrientes, as dietas terapêuticas podem desempenhar um papel crucial na melhoria dos resultados de saúde e na melhoria da qualidade de vida das pessoas com doenças crónicas, alergias alimentares e perturbações metabólicas.

As dietas terapêuticas comuns incluem opções como dietas com baixo teor de sódio para a hipertensão, dietas com baixo teor de hidratos de carbono para o controlo da diabetes, dietas sem glúten para a doença celíaca e dietas saudáveis para o coração para reduzir o risco cardiovascular. Cada uma destas dietas baseia-se em investigação científica e diretrizes clínicas, assegurando que fornecem os nutrientes necessários e minimizando os ingredientes nocivos.

Compreender os princípios subjacentes a estas dietas terapêuticas é vital para os profissionais de saúde, dietistas e doentes. Ao implementar estas dietas, os indivíduos podem não só gerir as condições de saúde existentes, mas também adotar medidas preventivas para reduzir o risco de complicações futuras. Esta introdução fornece uma base para explorar os vários tipos de dietas terapêuticas padrão, as suas aplicações e os princípios nutricionais subjacentes que orientam o seu desenvolvimento. Através de intervenções dietéticas eficazes, podemos capacitar os indivíduos a tomar conta da sua saúde e bem-estar.

1. Dieta regular

Objectivos de aprendizagem:

- Compreender os componentes de um plano alimentar equilibrado.
- Reconhecer a importância da variedade nas escolhas alimentares.

Introdução:

Uma dieta regular é uma dieta nutricionalmente equilibrada que inclui todos os grupos de alimentos sem restrições. Fornece nutrientes essenciais para indivíduos saudáveis.

Indicações:

- Manutenção geral da saúde.
- Pós-recuperação de doença ou cirurgia.

Utilizações:

- Apoia a saúde e o bem-estar geral.
- Serve de base de comparação para a avaliação de outras dietas terapêuticas.

2. Dieta líquida

Objectivos de aprendizagem:

- Identificar os tipos de dietas líquidas (claras e completas).
- Compreender as indicações de utilização.

Introdução:
Uma dieta líquida consiste em líquidos claros ou cheios para proporcionar hidratação e alguma nutrição, sendo frequentemente utilizada para doentes que não podem consumir alimentos sólidos.

Indicações:

- Cuidados pré-operatórios ou pós-operatórios.
- Distúrbios gastrointestinais (por exemplo, náuseas, vómitos).

Utilizações:

- Fornece hidratação e nutrição de fácil digestão.
- Prepara o sistema digestivo para a cirurgia.

3. Dieta suave

Objectivos de aprendizagem:

- Compreender os componentes de uma dieta suave.
- Reconhecer quando uma dieta leve é apropriada.

Introdução:
Uma dieta mole inclui alimentos fáceis de mastigar e engolir, sendo frequentemente recomendada para indivíduos com dificuldades de mastigação ou de deglutição.

Indicações:

- Problemas dentários ou recuperação de cirurgia oral.

- Algumas doenças gastrointestinais.

Utilizações:

- Facilita a digestão.
- Reduz o risco de asfixia.

4. Dieta para diabéticos

Objectivos de aprendizagem:

- Saiba mais sobre a contagem de hidratos de carbono e o controlo glicémico.
- Compreender o papel dos horários das refeições e do tamanho das porções.

Introdução:

Uma dieta para diabéticos centra-se na gestão dos níveis de açúcar no sangue através de uma ingestão equilibrada de hidratos de carbono e de padrões regulares de refeições.

Indicações:

- Gestão da diabetes tipo 1 e tipo 2.

Utilizações:

- Ajuda a controlar os níveis de glicose no sangue.
- Reduz o risco de complicações relacionadas com a diabetes.

5. Dieta com controlo de calorias

Objectivos de aprendizagem:

- Compreender os princípios da restrição calórica.
- Reconhecer a importância da densidade dos nutrientes.

Introdução:

Uma dieta com controlo de calorias limita a ingestão de calorias para promover a perda ou manutenção do peso, assegurando simultaneamente uma nutrição adequada.

Indicações:

- Controlo da obesidade ou perda de peso.

Utilizações:

- Apoia os objectivos de perda de peso.

- Promove hábitos alimentares saudáveis.

6. Dieta com baixo teor de colesterol

Objectivos de aprendizagem:

- Identificar os alimentos ricos em colesterol e gorduras saturadas.
- Compreender o impacto do colesterol alimentar na saúde do coração.

Introdução:

Uma dieta baixa em colesterol tem como objetivo reduzir os níveis de colesterol no sangue e promover a saúde cardiovascular, limitando a ingestão de gorduras saturadas.

Indicações:

- Hiperlipidemia ou doença cardiovascular.

Utilizações:

- Reduz o risco de doenças cardíacas.
- Ajuda a gerir os níveis de colesterol.

7. Dieta de restrição de gorduras (baixo teor de gordura)

Objectivos de aprendizagem:

- Compreender os tipos de gorduras e as suas implicações para a saúde.
- Reconhecer a importância do equilíbrio na ingestão de gorduras.

Introdução:

Uma dieta com restrição de gorduras limita a ingestão total de gorduras, particularmente gorduras saturadas e trans, para melhorar os resultados de saúde.

Indicações:

- Obesidade, doença cardíaca ou doença da vesícula biliar.

Utilizações:

- Ajuda na gestão do peso.
- Promove a saúde do coração.

8. Dieta com restrição de sódio

Objectivos de aprendizagem:

- Saiba mais sobre os efeitos do sódio na saúde.
- Identificar os alimentos ricos em sódio.

Introdução:
Uma dieta com restrição de sódio limita a ingestão de sódio para ajudar a controlar a tensão arterial e a retenção de líquidos.

Indicações:

- Hipertensão ou insuficiência cardíaca.

Utilizações:

- Reduz a tensão arterial.
- Evita a acumulação de fluidos.

9. Dieta proteica

Objectivos de aprendizagem:

- Compreender o papel das proteínas no organismo.
- Identificar os alimentos ricos em proteínas e os seus benefícios.

Introdução:
Uma dieta proteica enfatiza o aumento da ingestão de proteínas para apoiar a reparação muscular, o crescimento e a saúde geral.

Indicações:

- Condições de desgaste muscular ou recuperação de cirurgia.

Utilizações:

- Apoia a manutenção da massa muscular.
- Ajuda na recuperação de lesões.

10. Dieta branda e dieta com baixo teor de resíduos

Objectivos de aprendizagem:

- Distinguir entre dietas leves e dietas com baixo teor de resíduos.
- Compreender quando implementar cada dieta.

Introdução:
Uma dieta branda consiste em alimentos facilmente digeríveis que são suaves para o estômago, enquanto uma dieta com poucos resíduos minimiza a ingestão de fibras para reduzir a atividade intestinal.

Indicações:

- Perturbações gastrointestinais, recuperação pós-operatória.

Utilizações:

- Reduz o desconforto digestivo.
- Prepara o trato digestivo para os procedimentos.

Perguntas de escolha múltipla

1. **Que dieta é utilizada principalmente para controlar os níveis de açúcar no sangue em doentes diabéticos?**
    - A) Dieta regular
    - B) Dieta para diabéticos **(Resposta Correta)**
    - C) Dieta mole
    - D) Dieta pobre em resíduos
2. **Qual é o principal objetivo de uma dieta com controlo de calorias?**
    - A) Aumentar a massa muscular
    - B) Promover a perda ou manutenção do peso **(Resposta Correta)**
    - C) Reduzir os níveis de colesterol
    - D) Facilitar a digestão
3. **Qual das seguintes dietas é a mais adequada para alguém que está a recuperar de uma cirurgia oral?**
    - A) Dieta baixa em colesterol
    - B) Dieta mole **(Resposta Correta)**
    - C) Dieta com restrição de sódio
    - D) Dieta proteica
4. **Uma dieta líquida consiste em:**
    - A) Apenas alimentos sólidos
    - B) Líquidos claros ou cheios **(Resposta Correta)**
    - C) Alimentos ricos em fibras

- D) Alimentos com baixo teor de gordura

5. **Que tipo de dieta é recomendada para pessoas com hipertensão?**
    - A) Dieta de restrição de gorduras
    - B) Dieta com restrição de sódio **(Resposta Correta)**
    - C) Dieta para diabéticos
    - D) Dieta regular

Perguntas de Verdadeiro ou Falso

6. **Verdadeiro ou falso**: Uma dieta branda inclui alimentos picantes e ácidos para estimular a digestão.
    - **Falso** (Resposta Correta)
7. **Verdadeiro ou falso**: Uma dieta com poucos resíduos é concebida para reduzir a ingestão de fibras e minimizar a atividade intestinal.
    - **Verdadeiro** (Resposta Correta)
8. **Verdadeiro ou falso**: A dieta normal é a mais restritiva de todas as dietas terapêuticas.
    - **Falso** (Resposta Correta)
9. **Verdadeiro ou falso**: As dietas proteicas são normalmente utilizadas para apoiar a reparação e recuperação muscular.
    - **Verdadeiro** (Resposta Correta)
10. **Verdadeiro ou falso**: As dietas para diabéticos permitem quantidades ilimitadas de hidratos de carbono, desde que sejam equilibradas com proteínas.

- **Falso** (Resposta Correta)

Perguntas diretas

11. **Quais são os principais componentes de uma dieta suave?**

- **Resposta**: Os principais componentes de uma dieta mole incluem alimentos fáceis de mastigar e engolir, como puré de batata, iogurte, puré de fruta e legumes bem cozinhados.

12. **Explicar a diferença entre uma dieta branda e uma dieta pobre em resíduos.**

- **Resposta**: Uma dieta branda consiste em alimentos facilmente digeríveis que minimizam a irritação do trato digestivo, enquanto uma dieta com poucos resíduos se concentra em alimentos com pouca fibra para reduzir a atividade intestinal e minimizar a produção de fezes.

13. **Enumere duas condições de saúde que podem exigir uma dieta com restrição de sódio.**

- **Resposta**: Hipertensão e insuficiência cardíaca.

14. **Descrever como uma dieta baixa em colesterol pode afetar a saúde do coração.**

- **Resposta**: Uma dieta baixa em colesterol pode ajudar a reduzir os níveis de colesterol no sangue, o que diminui o risco de desenvolver doenças cardíacas e outras condições cardiovasculares.

15. **Qual é a importância de controlar a ingestão de gorduras numa dieta com restrição de gorduras?**

- **Resposta**: O controlo da ingestão de gorduras numa dieta com restrição de gorduras ajuda a controlar o peso, a reduzir o risco de doenças cardíacas e a melhorar a saúde geral, limitando as gorduras não saudáveis.

CAPÍTULO SEIS: DIETOTERAPIA NA DIABETES MELLITUS

OBJECTIVOS DE APRENDIZAGEM

- ✓ Compreender a Diabetes Mellitus
- ✓ Reconhecer o papel da dieta no controlo da diabetes
- ✓ Identificar os principais componentes nutricionais
- ✓ Avaliar a contagem de hidratos de carbono
- ✓ Implementar conhecimentos sobre o índice glicémico (IG)
- ✓ Desenvolver planos de refeições equilibrados
- ✓ Avaliar o controlo das porções e o tamanho das doses
- ✓ Promover hábitos alimentares saudáveis
- ✓ Monitorizar o estado nutricional
- ✓ Educar os doentes e os prestadores de cuidados

5.0 Introdução

A diabetes mellitus é uma doença crónica caracterizada por níveis elevados de glicose no sangue devido a uma produção insuficiente de insulina, resistência à insulina ou ambas. O controle eficaz do diabetes geralmente requer uma abordagem abrangente que inclui dietoterapia, terapia nutricional médica e controle da insulina. Este capítulo discute as considerações e estratégias dietéticas para o controle do diabetes tipo 1 e tipo 2.

1. Diabetes tipo 1 e tipo 2

Diabetes tipo 1:

- **Definição**: Doença autoimune em que o pâncreas produz pouca ou nenhuma insulina. Normalmente diagnosticada em crianças e adultos jovens.
- **Controlo**: Os indivíduos com diabetes tipo 1 devem monitorizar regularmente os seus níveis de glicemia e administrar insulina para manter o controlo glicémico.

Considerações dietéticas:

- Ênfase na ingestão consistente de hidratos de carbono para corresponder à administração de insulina.
- Refeições equilibradas que incluem hidratos de carbono, proteínas e gorduras saudáveis para estabilizar os níveis de açúcar no sangue.

Diabetes tipo 2:

- **Definição**: Condição caracterizada por resistência à insulina e deficiência relativa de insulina. Mais comum em adultos e frequentemente associada à obesidade e a estilos de vida sedentários.
- **Controlo**: Pode envolver mudanças no estilo de vida, medicamentos orais e/ou terapia com insulina.

Considerações dietéticas:

- Concentrar-se na gestão do peso, uma vez que uma ligeira perda de peso pode melhorar a sensibilidade à insulina.
- Uma dieta equilibrada que privilegia os alimentos integrais, as opções ricas em nutrientes e a ingestão controlada de hidratos de carbono.

2. Terapia nutricional médica para a diabetes

A Terapia Nutricional Médica (TNM) é uma abordagem personalizada aos cuidados nutricionais que visa melhorar o controlo da glicemia, gerir o peso e minimizar o risco de complicações associadas à diabetes.

Os principais componentes incluem:

1. Gestão dos hidratos de carbono:

- **Contagem de hidratos de carbono**: Compreender o teor de hidratos de carbono dos alimentos e controlar a ingestão para adequar a administração de insulina.
- **Índice glicémico (IG)**: Incentivar o consumo de alimentos com baixo IG que conduzem a aumentos mais lentos dos níveis de açúcar no sangue (por exemplo, cereais integrais, legumes e vegetais sem amido).

2. Horário das refeições:

- Incentivar padrões regulares de refeições e lanches para manter níveis estáveis de glicose no sangue.

- Ao planear as refeições, tenha em conta as preferências individuais, o estilo de vida e a hora da medicação.

3. Controlo das porções:

- Educar sobre o tamanho adequado das porções para evitar comer em excesso e gerir a ingestão calórica.
- Utilizar ferramentas como o método do prato para visualizar refeições equilibradas (meio prato de legumes sem amido, um quarto de proteínas, um quarto de hidratos de carbono).

4. Alimentos ricos em nutrientes:

- Promover a ingestão de alimentos integrais, incluindo frutas, legumes, cereais integrais, proteínas magras e gorduras saudáveis.
- Limite os alimentos ricos em açúcares adicionados, gorduras saturadas e gorduras trans para melhorar a saúde geral e o controlo do açúcar no sangue.

5. Ingestão de fibras:

- Incentivar o consumo de fibras solúveis e insolúveis, que podem ajudar a controlar os níveis de glicose no sangue e promover a saúde do coração.

3. Terapia com insulina e controlo da glicose

A terapêutica com insulina é um componente essencial do controlo da diabetes para muitos indivíduos, particularmente para os que têm diabetes tipo 1 e diabetes tipo 2 avançada.

1. Tipos de insulina:

- **Insulina de ação rápida**: Proporciona uma rápida absorção de glucose após as refeições (por exemplo, lispro, aspart).
- **Insulina de ação curta**: Administrada antes das refeições para controlar os picos de açúcar no sangue pós-prandiais.
- **Insulina de ação intermédia**: Proporciona um nível mais baixo de cobertura de insulina durante um período mais longo.
- **Insulina de ação prolongada**: Proporciona uma cobertura de insulina basal ao longo do dia e da noite.

2. Controlo da glicose:

- Monitorização regular dos níveis de glicose no sangue utilizando glucómetros ou monitores contínuos de glicose para avaliar o controlo glicémico.
- A American Diabetes Association recomenda níveis-alvo de glicose antes das refeições (80-130 mg/dL) e após as refeições (<180 mg/dL).

3. Rácio insulina/hidratos de carbono:

- Ensinar os doentes a calcular o seu rácio insulina-carbohidratos pode ajudar a determinar a quantidade adequada de insulina necessária com base na ingestão de hidratos de carbono.

4. Ajuste das doses de insulina:

- Os doentes devem aprender a ajustar as doses de insulina com base em factores como a ingestão de hidratos de carbono, a atividade física, o stress e a doença.

5. Reconhecer e gerir a hipoglicemia:

- Educação sobre o reconhecimento de sinais de hipoglicemia (por exemplo, tremores, suores, confusão) e compreensão de como tratar a hipoglicemia (consumindo hidratos de carbono de ação rápida).

Conclusão

O tratamento dietético da diabetes mellitus é essencial para controlar os níveis de glucose no sangue e prevenir complicações. A compreensão das diferenças entre a diabetes tipo 1 e a diabetes tipo 2 permite definir estratégias dietéticas adaptadas e uma terapia nutricional médica. Ao dar ênfase à gestão dos hidratos de carbono, ao horário das refeições, ao controlo das porções e aos alimentos ricos em nutrientes, os indivíduos com diabetes podem obter um melhor controlo glicémico. Além disso, a terapia eficaz com insulina e a monitorização da glicose são componentes vitais da gestão da diabetes, permitindo que os doentes tenham uma vida mais saudável e minimizem os riscos associados a esta doença crónica.

PERGUNTAS DE REVISÃO DO CAPÍTULO SEIS

Perguntas diretas

1. **Questão:** Qual é o principal objetivo da dietoterapia no controlo da diabetes mellitus?
    - **Resposta:** O principal objetivo da dietoterapia na gestão da diabetes mellitus é manter os níveis de glicose no sangue dentro de um intervalo alvo, prevenir complicações e promover a saúde geral através de uma nutrição equilibrada.
2. **Questão:** Como é que a contagem de hidratos de carbono ajuda a controlar a diabetes?
    - **Resposta:** A contagem de hidratos de carbono ajuda as pessoas com diabetes a gerir os seus níveis de glicemia, controlando a quantidade de hidratos de carbono consumidos, o que permite uma melhor adequação das doses de insulina à ingestão de hidratos de carbono.
3. **Questão:** Porque é que é importante que as pessoas com diabetes monitorizem a ingestão de gorduras saturadas?
    - **Resposta:** É importante que os indivíduos com diabetes monitorizem a ingestão de gorduras saturadas porque têm maior risco de doença cardiovascular e a redução da ingestão de gorduras saturadas pode ajudar a baixar os níveis de colesterol e reduzir esse risco.
4. **Questão:** Que papel desempenha a fibra na dieta de uma pessoa com diabetes?
    - **Resposta:** A fibra ajuda a retardar a absorção da glucose, reduzindo os picos de açúcar no sangue após as refeições. Também promovem a saciedade, ajudam no controlo do peso e apoiam a saúde digestiva geral.
5. **Questão:** Cite três tipos de alimentos que são geralmente recomendados para indivíduos com diabetes incluírem na sua dieta.
    - **Resposta:** Os alimentos geralmente recomendados para indivíduos com diabetes incluem cereais integrais, vegetais sem amido, proteínas magras e gorduras saudáveis, como as encontradas nos frutos secos e abacates.

Perguntas de escolha múltipla

6. **Questão:** Qual dos seguintes é um método recomendado para controlar os níveis de glucose no sangue em pessoas com diabetes?
    - A) Saltar refeições
    - B) Comer grandes porções de alimentos ricos em hidratos de carbono
    - C) Contagem de hidratos de carbono
    - D) Consumo de grandes quantidades de bebidas açucaradas
    - **Responda:** C) Contagem de hidratos de carbono
7. **Questão:** Que tipo de gordura alimentar deve ser limitado numa dieta diabética para reduzir o risco de doença cardíaca?
    - A) Gorduras insaturadas
    - B) Gordura saturada
    - C) Ácidos gordos ómega 3
    - D) Gorduras poli-insaturadas
    - **Resposta:** B) Gordura saturada
8. **Questão:** Qual dos seguintes é um exemplo de um alimento de elevado índice glicémico que deve ser consumido com moderação por alguém com diabetes?
    - A) Arroz integral
    - B) Farinha de aveia
    - C) Pão branco
    - D) Lentilhas
    - **Resposta:** C) Pão branco
9. **Questão:** Qual é a ingestão diária recomendada de fibras para pessoas com diabetes?
    - A) 10-15 gramas
    - B) 20-25 gramas
    - C) 25-30 gramas
    - D) 35-40 gramas
    - **Resposta:** C) 25-30 gramas

10. **Questão:** Qual dos seguintes é um benefício de incluir gorduras saudáveis na dieta de alguém com diabetes?
    - A) As gorduras saudáveis aumentam os níveis de açúcar no sangue.
    - B) As gorduras saudáveis ajudam na absorção da insulina.
    - C) As gorduras saudáveis podem ajudar a reduzir a inflamação e apoiar a saúde do coração.
    - D) As gorduras saudáveis são baixas em calorias e ajudam a perder peso.
    - **Responda:** C) As gorduras saudáveis podem ajudar a reduzir a inflamação e apoiar a saúde do coração.
11. **Questão:** Qual é o snack mais adequado para uma pessoa com diabetes para ajudar a manter os níveis de açúcar no sangue estáveis?
    - A) Uma barra de chocolate
    - B) Uma mão-cheia de amêndoas
    - C) Um refrigerante açucarado
    - D) Um saco de batatas fritas
    - **Responde:** B) Uma mão-cheia de amêndoas
12. **Questão:** Qual das seguintes modificações dietéticas é recomendada para alguém com diabetes tipo 2?
    - A) Aumentar o consumo de hidratos de carbono refinados.
    - B) Evitar totalmente os hidratos de carbono.
    - C) Concentrar-se nos cereais integrais e nos alimentos com baixo índice glicémico.
    - D) Consumir alimentos ricos em açúcar para aumentar a energia.
    - **Responda:** C) Concentrar-se em cereais integrais e alimentos com baixo índice glicémico.

Estudos de caso

1. **Estudo de caso 1:**
   Perfil do paciente:
   - Idade: 55 anos
   - Sexo: Masculino
   - Estado de saúde: Diabetes tipo 2 recentemente diagnosticada
   - IMC: 32 kg/m^2
   - Medicação atual: Nenhum

   Questão:
   Desenvolver um plano de tratamento para este doente que inclua modificações do estilo de vida e potenciais intervenções farmacológicas

   Responder:
   Plano de gestão:
   - **Modificações do estilo de vida:**
     - **Dieta:** Recomendar uma dieta equilibrada centrada em cereais integrais, frutos, legumes, proteínas magras e gorduras saudáveis. Incentivar a redução da ingestão de açúcares refinados e alimentos processados. O controlo das porções e o horário regular das refeições são importantes.
     - **Atividade física:** Incentivar pelo menos 150 minutos de atividade aeróbica de intensidade moderada por semana (por exemplo, caminhada rápida, ciclismo) e exercícios de treino de força duas vezes por semana.
     - **Controlo do peso:** Procurar perder peso gradualmente, tendo como objetivo um IMC de 25-27 kg/m^2, o que pode melhorar a sensibilidade à insulina e o controlo da glicose no sangue.
   - **Intervenções farmacológicas:**
     - **Iniciar metformina:** Considere iniciar a metformina, um medicamento oral de primeira linha para a diabetes tipo 2, que ajuda a baixar os níveis de glucose no sangue, melhorando a sensibilidade à insulina e reduzindo a produção hepática de glucose.

    - **Monitorização:** Monitorizar regularmente os níveis de glucose no sangue e a HbA1c para avaliar a eficácia do plano de tratamento.
- **Acompanhamento:** Agendar acompanhamentos regulares para monitorizar o progresso, ajustar o tratamento conforme necessário e fornecer educação e apoio contínuos.

2. **Estudo de caso 2:**

Perfil do paciente:

- Idade: 28 anos
- Género: Feminino
- Estado de saúde: Diabetes tipo 1, grávida (12 semanas)
- Medicação atual: Terapia com insulina.

Questão:

Como deve ser ajustado o controlo
da diabetes durante a gravidez

Responder:

Ajustes de gestão:

- **Controlo rigoroso da glucose no sangue:** Salientar a importância de manter um controlo rigoroso da glicemia para prevenir complicações durante a gravidez. O objetivo é atingir níveis de glucose no sangue em jejum entre 60-99 mg/dL e níveis pós-prandiais abaixo de 140 mg/dL.
- **Monitorização frequente:** Aumentar a frequência da monitorização da glucose no sangue para várias vezes por dia, incluindo leituras em jejum, antes e depois das refeições, para garantir que os níveis se mantêm dentro do intervalo alvo.
- **Ajustes de insulina:** Monitorizar e ajustar as doses de insulina conforme necessário, uma vez que as necessidades de insulina aumentam frequentemente durante a gravidez devido a alterações hormonais.
- **Modificações na dieta:** Continuar uma dieta saudável e equilibrada, com ênfase na ingestão consistente de hidratos de carbono. Refeições pequenas e frequentes com porções controladas de hidratos de

carbono podem ajudar a manter os níveis de glucose no sangue estáveis.

- **Cuidados pré-natais:** Visitas pré-natais regulares para monitorizar a saúde da mãe e do bebé, incluindo ecografias e avaliações de quaisquer complicações relacionadas com a diabetes.
- **Educação e apoio:** Fornecer formação sobre o reconhecimento e a gestão da hipoglicemia, que pode ser mais comum durante a gravidez, e garantir o acesso a uma equipa de cuidados para a diabetes, incluindo um endocrinologista e um dietista.

3. **Estudo de caso 3:**
   Perfil do paciente:
   - Idade: 65 anos
   - Sexo: Masculino
   - Estado de saúde: Diabetes tipo 2, Neuropatia diabética
   - Tratamento atual: Agentes hipoglicémicos orais, tratamento da dor para a neuropatia

   Questão:
   Que estratégias adicionais podem ser implementadas para gerir a sua neuropatia diabética?

   Responder:
   Estratégias de gestão:
   - **Controlo da glicose no sangue:** Continuar a insistir no controlo rigoroso da glicemia para evitar mais danos nos nervos. Pode ser necessária uma monitorização regular e o ajuste de agentes hipoglicémicos orais.
   - **Medicação para neuropatia:** Considerar medicamentos específicos para a dor neuropática, como a gabapentina, a pregabalina ou a duloxetina, que podem ajudar a gerir os sintomas da dor.
   - **Cuidados com os pés:** Educar o doente sobre os cuidados adequados a ter com os pés para evitar úlceras e infecções, que são comuns na neuropatia diabética. Isto inclui inspecções diárias dos pés, utilização de calçado adequado e evitar andar descalço.

- **Fisioterapia:** Encaminhamento para um fisioterapeuta para exercícios que melhoram a força, o equilíbrio e a coordenação, o que pode ajudar a evitar quedas e lesões.
- **Modificações do estilo de vida:** Incentivar a atividade física regular, que pode melhorar a circulação e reduzir a dor. Uma dieta equilibrada e a cessação do tabagismo também são importantes para gerir a saúde geral e reduzir o risco de complicações adicionais.
- **Acompanhamento:** Consultas regulares de acompanhamento para monitorizar os sintomas, avaliar a eficácia do tratamento e fazer os ajustes necessários. Considerar o encaminhamento para um especialista se os sintomas da neuropatia piorarem.

4. **Estudo de caso 4:**
Perfil do paciente:

- Idade: 40 anos
- Sexo: Feminino
- Estado de saúde: Diabetes gestacional, 24 semanas de gravidez
- Tratamento atual: Gestão da dieta, monitorização da glucose no sangue

Questão:

Quais são os elementos-chave da gestão da diabetes gestacional e como é que esta doente pode assegurar uma gravidez saudável?

Responder:
Elementos-chave de gestão:

- **Monitoramento de glicose no sangue:** Monitorizar regularmente os níveis de glucose no sangue, incluindo leituras em jejum e pós-prandiais, para garantir que se mantêm dentro do intervalo alvo (por exemplo, jejum <95 mg/dL, 1 hora pós-refeição <140 mg/dL).
- **Controlo da dieta:** Seguir uma dieta que inclua uma ingestão controlada de hidratos de carbono, com ênfase em cereais integrais, legumes, proteínas magras e gorduras saudáveis. Evitar alimentos com elevado índice glicémico e snacks açucarados. Coma refeições mais pequenas e mais frequentes para manter os níveis de glucose no sangue estáveis.

- **Atividade física:** Praticar uma atividade física regular e moderada, como caminhar, que pode ajudar a melhorar a sensibilidade à insulina e o controlo da glicemia.
- **Terapia com insulina (se necessário):** Se o controle da dieta não mantiver os níveis de glicose no sangue dentro da faixa-alvo, pode ser iniciada terapia com insulina. Os agentes hipoglicémicos orais são geralmente evitados durante a gravidez.
- **Monitorização da saúde fetal:** Consultas pré-natais regulares para monitorizar o crescimento e o desenvolvimento do feto. Podem ser realizadas ecografias e outras avaliações para verificar se existem complicações relacionadas com a diabetes gestacional.
- **Acompanhamento pós-parto:** Após o parto, os níveis de glicose no sangue devem ser monitorados para garantir que voltem ao normal. A paciente também deve ser rastreada para diabetes tipo 2 após o parto, pois a diabetes gestacional aumenta o risco de desenvolver diabetes tipo 2 no futuro.
- **Educação e apoio:** Fornecer educação sobre a importância de manter um bom controlo da glicemia e oferecer recursos de apoio, como um dietista ou um educador de diabetes, para ajudar a gerir eficazmente a doença durante a gravidez.

CAPÍTULO SETE: DIETOTERAPIA PARA DOENÇAS CARDIOVASCULARES

Objectivos de aprendizagem: Dietoterapia para Doenças Cardiovasculares

1. **Definir Doenças Cardiovasculares (DCV)**
2. **Identificar as principais condições**
3. **Analisar os factores de risco**
4. **Implementar as recomendações dietéticas para a doença coronária**
5. **Aplicar a dieta DASH para a hipertensão**
6. **Gerir a dislipidemia através da dieta**
7. **Explorar a dieta mediterrânica**
8. **Promover modificações do estilo de vida**
9. **Monitorizar o estado nutricional**
10. **Adaptar as intervenções dietéticas**

6:0 Introdução

As doenças cardiovasculares (DCV) são uma das principais causas de morbilidade e mortalidade em todo o mundo. A gestão eficaz através da dietoterapia é essencial para prevenir e tratar doenças como a doença coronária, a hipertensão e a dislipidemia. Este capítulo explora estas condições cardiovasculares e as abordagens dietéticas para as gerir.

1. Doença coronária (CHD)

Definição e factores de risco:

- A doença cardíaca coronária ocorre quando as artérias coronárias se estreitam ou ficam bloqueadas, levando à redução do fluxo sanguíneo para o músculo cardíaco.
- Os principais factores de risco incluem tensão arterial elevada, níveis elevados de colesterol, tabagismo, diabetes, obesidade, inatividade física e uma dieta rica em gorduras saturadas e açúcares.

Recomendações dietéticas:

- **Dieta saudável para o coração**: Dá ênfase a frutas, legumes, cereais integrais, proteínas magras (especialmente peixe e aves) e gorduras saudáveis (por exemplo, azeite, nozes).
- **Redução das gorduras saturadas e trans**: Limitar a ingestão de carnes vermelhas e processadas, produtos lácteos gordos, alimentos fritos e produtos de padaria comerciais.
- **Aumento dos ácidos gordos ómega 3**: Incluir peixes gordos (por exemplo, salmão, cavala, sardinhas) e fontes vegetais (por exemplo, sementes de linhaça, nozes), que podem ajudar a reduzir a inflamação e os níveis de triglicéridos.

2. Hipertensão

Definição e factores de risco:

- A hipertensão, ou pressão arterial elevada, é uma doença crónica em que a força do sangue contra as paredes das artérias é constantemente demasiado elevada, aumentando o risco de doença cardíaca e de acidente vascular cerebral.
- Os factores de risco incluem a obesidade, a ingestão elevada de sal, a inatividade física, o consumo excessivo de álcool e o stress.

Recomendações dietéticas:

- **Dieta DASH (Dietary Approaches to Stop Hypertension)**: Esta dieta dá prioridade ao consumo de frutas, legumes, cereais integrais e lacticínios com baixo teor de gordura, reduzindo a ingestão de sódio. Os principais componentes incluem:
    - **Frutas e legumes**: Procure comer pelo menos 4-5 porções por dia.
    - **Cereais integrais**: Consumir 6-8 porções por dia, concentrando-se em opções como arroz integral, pão integral e aveia.
    - **Lacticínios com baixo teor de gordura**: Incluir 2-3 porções diárias para fornecer cálcio e proteínas.
    - **Proteínas magras**: Dê ênfase às aves, peixe, feijão e nozes, minimizando o consumo de carne vermelha.

- **Limitar a ingestão de sódio**: Não ingerir mais de 2300 mg de sódio por dia, com um objetivo ideal de 1500 mg para as pessoas com hipertensão.

3. Dislipidemia

Definição e factores de risco:

- A dislipidemia refere-se a níveis anormais de lípidos no sangue, incluindo colesterol total elevado, colesterol elevado de lipoproteínas de baixa densidade (LDL), colesterol baixo de lipoproteínas de alta densidade (HDL) e triglicéridos elevados, que contribuem para a aterosclerose e as doenças cardíacas.
- Os factores de risco incluem a obesidade, a falta de atividade física, o consumo excessivo de álcool e uma dieta pobre.

Recomendações dietéticas:

- **Reduzir as gorduras saturadas e trans**: Limite a ingestão de alimentos que podem aumentar o colesterol LDL, como a manteiga, os lacticínios gordos, os cortes de carne gordos e os snacks processados.
- **Aumentar a fibra alimentar**: A fibra solúvel, presente em alimentos como a aveia, feijão, lentilhas, frutas e legumes, pode ajudar a baixar os níveis de colesterol.
- **Incorporar gorduras saudáveis**: Substituir as gorduras saturadas por gorduras insaturadas (por exemplo, azeite, óleo de canola, abacate) pode melhorar o perfil lipídico.
- **Ingestão regular de peixe**: Procure comer pelo menos duas porções de peixe gordo por semana, o que pode ajudar a baixar os níveis de triglicéridos.

4. Abordagens dietéticas para gerir a DCV

1. Dieta mediterrânica:

- Esta dieta saudável para o coração é caracterizada por um elevado consumo de frutas, legumes, cereais integrais, leguminosas, frutos secos e gorduras saudáveis, especialmente azeite. Inclui também um consumo moderado de peixe e aves, um consumo mínimo de carne vermelha e um consumo baixo a moderado de álcool.
- A dieta mediterrânica tem sido associada a uma redução do risco de doenças cardíacas e a uma melhoria dos perfis lipídicos.

2. Intervenções nutricionais:

- **Controlo das porções**: Educar os doentes sobre o controlo do tamanho das porções pode ajudar na gestão do peso, crucial para reduzir o risco cardiovascular.
- **Comer com atenção**: Incentivar os doentes a estarem atentos aos sinais de fome, a comerem devagar e a concentrarem-se nas suas refeições pode promover uma melhor relação com a comida.

3. Modificações do estilo de vida:

- Promover a atividade física regular (por exemplo, pelo menos 150 minutos de exercício de intensidade moderada por semana).
- Incentivar a cessação do tabagismo e a moderação do consumo de álcool para melhorar a saúde geral do coração.

4. Controlo e acompanhamento:

- Monitorizar regularmente a tensão arterial, os níveis de colesterol e o peso para avaliar a eficácia das alterações alimentares e ajustar o plano alimentar conforme necessário.

Conclusão

A dietoterapia desempenha um papel vital na gestão e prevenção das doenças cardiovasculares, incluindo a doença coronária, a hipertensão e a dislipidemia. A implementação de padrões alimentares saudáveis para o coração, como a dieta DASH e a dieta mediterrânica, juntamente com modificações do estilo de vida, pode melhorar significativamente a saúde cardiovascular e reduzir o risco de complicações. As intervenções dietéticas adaptadas, combinadas com a monitorização e o apoio regulares, são essenciais para os indivíduos em risco ou que vivem com DCV para promover melhores resultados em termos de saúde e melhorar a qualidade de vida.

Perguntas de revisão do capítulo: Abordagens Dietéticas para Gerir as Doenças Cardiovasculares (DCV)

Perguntas de escolha múltipla

1. **Questão:** Qual das seguintes é uma caraterística fundamental da dieta mediterrânica?
    - A) Consumo elevado de carne vermelha

- B) Consumo elevado de frutas, legumes e gorduras saudáveis
- C) Consumo elevado de produtos lácteos
- D) Baixo consumo de peixe e aves de capoeira
- **Resposta:** B) Consumo elevado de frutas, legumes e gorduras saudáveis

2. **Questão:** Que abordagem dietética está mais associada à redução do risco de doença cardíaca e à melhoria dos perfis lipídicos?
   - A) Dieta pobre em gorduras
   - B) Dieta mediterrânica
   - C) Dieta rica em proteínas
   - D) Dieta carnívora
   - **Resposta:** B) Dieta mediterrânica
3. **Questão:** Qual é o principal objetivo do controlo das doses na gestão das doenças cardiovasculares?
   - A) Reduzir o consumo de sódio
   - B) Para aumentar a ingestão de fibras
   - C) Para ajudar na gestão do peso
   - D) Aumentar o consumo de proteínas
   - **Responder:** C) Para ajudar no controlo do peso
4. **Questão:** Comer com atenção envolve:
   - A) Comer o mais rapidamente possível
   - B) Ignorar os sinais de fome
   - C) Concentrar-se na refeição e comer devagar
   - D) Comer enquanto vê televisão
   - **Responder:** C) Concentrar-se na refeição e comer devagar
5. **Questão:** Qual das seguintes é uma modificação do estilo de vida recomendada para melhorar a saúde do coração?
   - A) Aumento da ingestão de sódio
   - B) Cessação do tabagismo

- C) Redução do consumo de frutas e legumes
- D) Evitar qualquer atividade física
- **Resposta:** B) Deixar de fumar

6. **Questão:** Que quantidade de exercício de intensidade moderada é recomendada semanalmente para apoiar a saúde cardiovascular?
   - A) 50 minutos
   - B) 100 minutos
   - C) 150 minutos
   - D) 200 minutos
   - **Resposta:** C) 150 minutos
7. **Questão:** Porque é que a monitorização regular da tensão arterial, dos níveis de colesterol e do peso é importante no controlo das doenças cardiovasculares?
   - A) Aumentar o nível de stress
   - B) Avaliar a eficácia das alterações do regime alimentar
   - C) Para desencorajar o cumprimento da dieta
   - D) Aumentar o consumo de álcool
   - **Responder:** B) Para avaliar a eficácia das mudanças na dieta
8. **Questão:** Qual dos seguintes alimentos *não é* um componente essencial da dieta mediterrânica?
   - A) Consumo elevado de azeite
   - B) Consumo mínimo de carne vermelha
   - C) Consumo elevado de alimentos transformados
   - D) Consumo moderado de peixe e aves de capoeira
   - **Resposta:** C) Consumo elevado de alimentos processados
9. **Questão:** Que prática dietética é essencial para promover uma melhor relação com os alimentos em doentes com DCV?
   - A) Contagem de calorias
   - B) Alimentação consciente

- C) Jejum
- D) Saltar refeições
- **Responda:** B) Alimentação consciente

10. **Questão:** Que papel desempenha a atividade física regular na gestão das doenças cardiovasculares?
    - A) Aumenta os níveis de colesterol LDL
    - B) Favorece o aumento de peso
    - C) Melhora a saúde cardiovascular
    - D) Aumenta o comportamento sedentário
    - **Responde:** C) Melhora a saúde cardiovascular

CAPÍTULO OITO: DIETOTERAPIA PARA OBESIDADE E CONTROLO DE PESO

Objectivos de aprendizagem: Dietoterapia para Obesidade e Controlo de Peso

1. **Definir Obesidade**
2. **Identificar as causas da obesidade**
3. **Compreender as consequências da obesidade**
4. **Implementar intervenções dietéticas para perda de peso**
5. **Criar planos de refeições equilibrados**
6. **Promover o controlo das porções**
7. **Incentivar o planeamento das refeições**
8. **Praticar uma alimentação consciente**
9. **Incorporar modificações comportamentais**
10. **Dar ênfase à atividade física**
11. **Abordar os factores psicológicos**
12. **Desenvolver estratégias de manutenção a longo prazo**

Introdução

A obesidade é uma doença complexa e multifatorial caracterizada por um excesso de gordura corporal, que apresenta riscos significativos para a saúde e pode levar a várias doenças crónicas. Uma gestão eficaz envolve a compreensão das causas e consequências subjacentes à obesidade, a implementação de intervenções dietéticas para perda de peso e a realização de modificações comportamentais e do estilo de vida.

A obesidade é um problema de saúde complexo e multifacetado, caracterizado por um excesso de gordura corporal que apresenta riscos significativos para o bem-estar físico e mental. Sendo uma das principais causas de doenças crónicas como a diabetes, as doenças cardíacas e certos tipos de cancro, a gestão eficaz da obesidade é crucial para melhorar os resultados em termos de saúde e aumentar a qualidade de vida. A dietoterapia desempenha um papel fundamental nesta gestão, centrando-se em estratégias nutricionais adaptadas que promovem a perda de peso sustentável e a manutenção de um peso saudável.

A terapia dietética eficaz para a obesidade envolve a compreensão do equilíbrio de macronutrientes e micronutrientes, o controlo das porções e a incorporação de escolhas alimentares saudáveis. É essencial desenvolver planos de refeições individualizados que não só reduzam a ingestão calórica, mas também forneçam nutrientes essenciais para apoiar a saúde geral. Além disso, as modificações comportamentais e as alterações do estilo de vida são componentes integrais de programas de gestão de peso bem sucedidos, promovendo uma relação positiva com os alimentos e encorajando a atividade física regular.

1. Causas e consequências da obesidade

Causas da obesidade:

- **Factores genéticos**: A genética pode predispor os indivíduos para a obesidade, influenciando o metabolismo, a regulação do apetite e a distribuição da gordura.
- **Factores ambientais**: O ambiente construído, o acesso a alimentos saudáveis, o marketing alimentar e o estatuto socioeconómico podem afetar significativamente as escolhas de estilo de vida.
- **Factores psicológicos**: O stress emocional, a depressão e as perturbações alimentares podem levar a comer em excesso e a fazer más escolhas alimentares.
- **Factores metabólicos**: As diferenças individuais no metabolismo podem afetar a forma como o corpo processa os alimentos e armazena a gordura.

Consequências da obesidade:

- **Riscos para a saúde física**: Aumenta o risco de doenças crónicas, incluindo diabetes tipo 2, hipertensão, dislipidemia, doença coronária, certos tipos de cancro e apneia do sono.
- **Efeitos psicológicos**: Pode levar a problemas de saúde mental, como depressão, ansiedade, baixa autoestima e insatisfação com a imagem corporal.
- **Qualidade de vida**: A obesidade pode reduzir a qualidade de vida e prejudicar o funcionamento físico, tornando as actividades diárias mais difíceis.

2. Intervenções dietéticas para perda de peso

1. Défice calórico:

- Criar um défice calórico é essencial para a perda de peso. Isto pode ser conseguido através da redução da ingestão calórica, do aumento da atividade física ou de uma combinação de ambos.
- Um objetivo de perda de peso seguro e sustentável é, normalmente, de 0,5-1 kg por semana.

2. Dieta equilibrada:

- **Composição de macronutrientes**: Concentrar-se numa ingestão equilibrada de hidratos de carbono, proteínas e gorduras.
    - **Proteínas**: O aumento da ingestão de proteínas pode ajudar a reduzir a fome e a promover a saciedade (por exemplo, carnes magras, peixe, legumes, lacticínios com baixo teor de gordura).
    - **Gorduras saudáveis**: Incluir fontes de gorduras insaturadas (por exemplo, abacate, frutos secos, azeite) e limitar as gorduras saturadas e trans.
    - **Alimentos ricos em fibras**: Dê ênfase a frutas, legumes, cereais integrais e leguminosas para aumentar a saciedade e apoiar uma digestão saudável.

3. Controlo das porções:

- Educar os indivíduos sobre os tamanhos adequados das porções pode ajudar a gerir a ingestão calórica sem a necessidade de fazer uma dieta rigorosa.
- Utilizar pratos ou tigelas mais pequenos e medir as porções pode facilitar a moderação.

4. Planeamento das refeições:

- Incentivar o planeamento das refeições com antecedência para evitar escolhas impulsivas e pouco saudáveis.
- Incorporar padrões regulares de refeições e lanches para manter níveis de energia estáveis e evitar a fome extrema, que pode levar a comer em excesso.

5. Comer com atenção:

- Promover a atenção plena em torno da alimentação, incentivando os indivíduos a abrandar, a saborear a comida e a prestar atenção aos sinais de fome e saciedade.

3. Modificações comportamentais e do estilo de vida

1. Autocontrolo:

- Incentivar os indivíduos a manter um diário alimentar ou a utilizar aplicações móveis para acompanhar a ingestão de alimentos, a atividade física e o progresso.
- Esta prática pode aumentar a consciência dos hábitos alimentares e ajudar a identificar padrões que possam contribuir para o aumento de peso.

2. Definição de objectivos:

- Ajudar as pessoas a definir objectivos de perda de peso realistas e exequíveis, tanto a curto como a longo prazo, centrando-se em comportamentos específicos e não apenas na balança.
- Os objectivos SMART (Specific, Measurable, Achievable, Relevant, Time-bound) podem orientar a definição eficaz de objectivos.

3. Apoio social:

- Incentivar as pessoas a procurar apoio junto da família, amigos ou grupos de apoio. Isto pode aumentar a motivação e a responsabilidade.
- A participação em programas de grupo, como aulas de perda de peso ou actividades comunitárias, pode promover ligações e fornecer recursos adicionais.

4. Atividade física:

- Promover a atividade física regular como uma componente essencial da gestão do peso. O objetivo é fazer pelo menos 150 minutos de exercício de intensidade moderada por semana.
- Incentivar uma combinação de actividades aeróbicas (por exemplo, caminhar, andar de bicicleta) e treino de força para melhorar a condição física geral e apoiar o metabolismo.

5. Abordagem dos factores psicológicos:

- Fornecer recursos para apoio psicológico se a alimentação emocional ou o stress contribuírem para o aumento de peso. Técnicas como a terapia cognitivo-comportamental (TCC) podem ser benéficas.

6. Manutenção a longo prazo:

- Sublinhar a importância de mudanças de estilo de vida a longo prazo em vez de dietas temporárias. Incentivar os indivíduos a adoptarem hábitos que possam ser mantidos a longo prazo.
- O acompanhamento regular e a formação contínua podem ajudar a manter a perda de peso e a evitar que volte a ganhar.

Conclusão

A dietoterapia para a obesidade e o controlo do peso é uma abordagem multifacetada que inclui intervenções dietéticas, estratégias comportamentais e modificações do estilo de vida. A compreensão das causas e consequências da obesidade estabelece as bases para planos de tratamento eficazes. É possível conseguir uma perda de peso sustentável através de uma nutrição equilibrada, do controlo das porções e de uma alimentação consciente, combinados com atividade física e sistemas de apoio sólidos. A educação, a definição de objectivos e as estratégias de manutenção a longo prazo são vitais para ajudar os indivíduos a alcançar e manter um peso saudável, melhorando, em última análise, a sua qualidade de vida e reduzindo o risco de problemas de saúde relacionados com a obesidade.

Perguntas de revisão do capítulo: Dietoterapia para Obesidade e Controlo de Peso

Perguntas de escolha múltipla

1. **Questão:** Qual das seguintes situações é uma consequência comum da obesidade?
    - A) Melhoria do funcionamento físico
    - B) Redução do risco de doenças crónicas
    - C) Aumento do risco de diabetes tipo 2
    - D) Melhoria da saúde mental
    - **Resposta:** C) Aumento do risco de diabetes tipo 2
2. **Questão:** Que fator *não* é considerado uma causa de obesidade?
    - A) Factores genéticos
    - B) Factores ambientais
    - C) Ingestão excessiva de água
    - D) Factores metabólicos

- **Resposta:** C) Ingestão excessiva de água

3. **Questão:** Qual é um objetivo de perda de peso semanal seguro e sustentável?
    - A) 1-2 libras (0,5-1 kg)
    - B) 1,5-2 kg (3-4 libras)
    - C) 2,5-3 kg (5-6 libras)
    - D) 7-8 libras (3,5-4 kg)
    - **Resposta:** A) 1-2 libras (0,5-1 kg)
4. **Questão:** Qual dos seguintes é um componente chave de uma dieta equilibrada para perda de peso?
    - A) Consumo elevado de gorduras trans
    - B) Ênfase nos alimentos ricos em fibras
    - C) Evitar todos os hidratos de carbono
    - D) Consumo excessivo de calorias
    - **Responda:** B) Ênfase em alimentos ricos em fibras
5. **Questão:** Que estratégia é recomendada para ajudar os indivíduos a gerir a ingestão calórica sem fazer uma dieta rigorosa?
    - A) Contagem de calorias
    - B) Controlo das doses
    - C) Saltar refeições
    - D) Comer apenas uma grande refeição por dia
    - **Resposta:** B) Controlo das porções
6. **Questão:** Qual é o principal benefício da alimentação consciente na gestão do peso?
    - A) Comer o mais rapidamente possível
    - B) Ignorar os sinais de fome e de saciedade
    - C) Saborear a comida e prestar atenção aos sinais de fome
    - D) Concentrar-se noutras actividades enquanto come
    - **Responde:** C) Saborear a comida e prestar atenção aos sinais de fome

7. **Questão:** Qual das seguintes é uma estratégia comportamental eficaz para a perda de peso?
   - A) Estabelecer objectivos irrealistas
   - B) Evitar o apoio social
   - C) Autocontrolo da ingestão de alimentos
   - D) Ignorar os factores psicológicos
   - **Responde:** C) Auto-controlo da ingestão de alimentos
8. **Questão:** Que quantidade de atividade física de intensidade moderada é recomendada semanalmente para uma gestão eficaz do peso?
   - A) 50 minutos
   - B) 100 minutos
   - C) 150 minutos
   - D) 200 minutos
   - **Resposta:** C) 150 minutos
9. **Questão:** Qual das seguintes *não é* uma estratégia eficaz de manutenção a longo prazo para controlo do peso?
   - A) Adotar uma dieta temporária
   - B) Acompanhamento regular
   - C) Formação contínua
   - D) Manter mudanças de estilo de vida a longo prazo
   - **Responda:** A) Adotar uma dieta temporária
10. **Questão:** Que técnica psicológica pode ser benéfica para indivíduos que lutam contra a alimentação emocional?
    - A) Ignorar os estímulos emocionais
    - B) Terapia cognitivo-comportamental (TCC)
    - C) Evitar qualquer forma de terapia
    - D) Concentrar-se apenas em mudanças na dieta
    - **Resposta:** B) Terapia cognitivo-comportamental (TCC)

Perguntas diretas

1. **Questão:** Explique as causas multifactoriais da obesidade e a forma como contribuem para esta doença.
    - **Resposta:** A obesidade é causada por uma combinação de factores genéticos, ambientais, psicológicos e metabólicos. Os factores genéticos podem predispor os indivíduos para a obesidade, influenciando o metabolismo, a regulação do apetite e a distribuição da gordura. Os factores ambientais, como o ambiente construído, o acesso a alimentos saudáveis, o marketing alimentar e o estatuto socioeconómico, podem afetar as escolhas de estilo de vida que conduzem à obesidade. Os factores psicológicos, incluindo o stress emocional, a depressão e os distúrbios alimentares, podem contribuir para a ingestão excessiva de alimentos e para más escolhas alimentares. Os factores metabólicos envolvem diferenças individuais na forma como o corpo processa os alimentos e armazena a gordura, que também podem desempenhar um papel no desenvolvimento da obesidade.
2. **Questão:** Descreva o papel de um défice calórico na perda de peso e como pode ser alcançado.
    - **Resposta:** Um défice calórico é essencial para a perda de peso e ocorre quando o número de calorias consumidas é inferior ao número de calorias queimadas pelo corpo. Este défice força o corpo a utilizar a gordura armazenada como energia, levando à perda de peso. Um défice calórico pode ser conseguido reduzindo a ingestão calórica através de alterações na dieta, aumentando a atividade física para queimar mais calorias, ou uma combinação de ambos. Um objetivo de perda de peso seguro e sustentável é normalmente de 0,5-1 kg por semana, que pode ser alcançado através de uma restrição calórica moderada e de exercício físico regular.
3. **Questão:** Quais são os benefícios de incluir alimentos ricos em fibras numa dieta de perda de peso?
    - **Resposta:** Os alimentos ricos em fibras, como frutas, legumes, cereais integrais e leguminosas, são benéficos numa dieta de perda de peso porque aumentam a saciedade, ajudando os indivíduos a sentirem-se cheios durante períodos mais longos, o que pode reduzir a ingestão calórica global. As fibras também contribuem para uma digestão saudável, previnem a obstipação e podem ajudar a regular os níveis de

açúcar no sangue. Além disso, os alimentos ricos em fibras são frequentemente ricos em nutrientes e pobres em calorias, o que os torna uma excelente escolha para quem pretende perder peso.

4. **Questão:** Como é que a auto-monitorização contribui para o sucesso da gestão do peso?

    - **Resposta:** A auto-monitorização envolve o acompanhamento da ingestão de alimentos, da atividade física e do progresso, o que aumenta a consciência dos hábitos alimentares e ajuda a identificar padrões que podem contribuir para o aumento de peso. Ao manter um diário alimentar ou utilizar aplicações móveis, os indivíduos podem responsabilizar-se, tomar decisões informadas sobre a sua dieta e exercício e manter-se motivados para atingir os seus objectivos de perda de peso. A auto-monitorização é uma ferramenta poderosa para a mudança comportamental e a gestão do peso a longo prazo.

5. **Questão:** Qual é a importância das estratégias de manutenção a longo prazo na gestão do peso e como é que estas podem evitar o reganho de peso?

    - **Resposta:** As estratégias de manutenção a longo prazo são cruciais na gestão do peso, porque ajudam os indivíduos a manter os hábitos saudáveis desenvolvidos durante a perda de peso, prevenindo o reganho de peso. Estas estratégias incluem a adoção de mudanças permanentes no estilo de vida em vez de dietas temporárias, a definição de objectivos realistas e exequíveis e a prática de atividade física regular. O acompanhamento regular e a educação continuada fornecem apoio e reforço contínuos, ajudando os indivíduos a manterem-se no caminho certo e a manterem o seu progresso. A manutenção a longo prazo é essencial para melhorar a qualidade de vida e reduzir o risco de problemas de saúde relacionados com a obesidade.

Estudos de caso

1. **Estudo de caso 1:**
   Perfil do paciente:

    - Idade: 40 anos
    - Género: Feminino
    - Estado de saúde: Obesidade

- Peso atual: 95 kg
- Altura: 165 cm
- Hábitos alimentares: Consumo elevado de alimentos processados, padrões irregulares de refeições, baixa atividade física

Questão:

Desenvolver um plano dietético e de estilo de vida para ajudar este paciente a atingir um peso saudável

Responder:

Plano alimentar:

- **Criar um défice calórico:** Reduzir a ingestão calórica, concentrando-se em alimentos integrais e não processados e controlando o tamanho das porções. Tenha como objetivo uma perda de peso de 0,5-1 kg por semana.
- **Dieta equilibrada:** Dê ênfase a uma ingestão equilibrada de macronutrientes, incluindo proteínas magras, gorduras saudáveis e hidratos de carbono ricos em fibras. Incorporar frutas, legumes, cereais integrais e leguminosas nas refeições diárias.
- **Controlo das porções:** Educar o doente sobre o tamanho adequado das porções. Utilize pratos e taças mais pequenos para ajudar a gerir as porções sem se sentir privado.
- **Planeamento das refeições:** Incentivar o planeamento das refeições com antecedência e estabelecer padrões regulares de refeições para evitar escolhas impulsivas e pouco saudáveis. Incluir refeições ligeiras saudáveis para manter níveis de energia estáveis e evitar a fome extrema.

Plano de estilo de vida:

- **Aumentar a atividade física:** Comece com exercícios de intensidade moderada, como caminhar ou andar de bicicleta, durante pelo menos 150 minutos por semana. Aumente gradualmente a intensidade e a duração à medida que a sua condição física melhora.
- **Alimentação consciente:** Promover a atenção plena em relação à alimentação, incentivando o doente a abrandar o ritmo, a saborear os alimentos e a prestar atenção aos sinais de fome e saciedade.

- **Auto-monitorização:** Sugerir a manutenção de um diário alimentar ou a utilização de uma aplicação móvel para acompanhar a ingestão de alimentos, a atividade física e o progresso. Isto pode ajudar o doente a identificar padrões e a manter-se motivado.
- **Apoio social:** Incentivar o doente a procurar apoio junto da família, amigos ou grupos de apoio para aumentar a motivação e a responsabilidade.
- **Acompanhamento regular:** Agendar consultas de acompanhamento para monitorizar o progresso, fornecer formação contínua e fazer os ajustes necessários ao plano.

2. **Estudo de caso 2:**

Perfil do paciente:

- Idade: 55 anos
- Sexo: Masculino
- Estado de saúde: Obesidade, Diabetes tipo 2
- Peso atual: 110 kg
- Altura: 175 cm
- Hábitos alimentares: Consumo elevado de hidratos de carbono, petiscos frequentes, estilo de vida sedentário

Questão:

Que estratégias dietéticas e comportamentais recomendaria para ajudar este doente a gerir o seu peso e a diabetes tipo 2?

Responder:

Estratégias dietéticas:

- **Criar um défice calórico:** Reduzir a ingestão calórica, concentrando-se em alimentos de baixo índice glicémico (IG) que ajudam a gerir os níveis de açúcar no sangue. Tenha como objetivo uma perda de peso de 0,5-1 kg por semana.
- **Dieta equilibrada:** Dê ênfase a uma ingestão equilibrada de proteínas magras, gorduras saudáveis e hidratos de carbono ricos em fibras. Inclua alimentos com baixo teor de IG, como cereais integrais, legumes e vegetais sem amido, para estabilizar os níveis de açúcar no sangue.

- **Controlo das porções:** Ensinar o doente sobre o tamanho das porções, especialmente de alimentos ricos em hidratos de carbono, para ajudar a controlar o açúcar no sangue e a ingestão calórica.
- **Planeamento das refeições:** Incentivar o planeamento antecipado das refeições e o estabelecimento de padrões regulares de refeições e lanches para evitar picos de açúcar no sangue e reduzir a probabilidade de lanches pouco saudáveis.

Estratégias comportamentais:

- **Aumentar a atividade física:** Promover a atividade física regular, incluindo exercícios aeróbicos (por exemplo, caminhar, nadar) e treino de força, para melhorar a sensibilidade à insulina e apoiar a perda de peso. O objetivo é fazer pelo menos 150 minutos de exercício de intensidade moderada por semana.
- **Auto-monitorização:** Recomendar a manutenção de um diário alimentar ou a utilização de uma aplicação móvel para monitorizar a ingestão de alimentos, a atividade física e os níveis de açúcar no sangue. Isso pode ajudar o paciente a identificar como diferentes alimentos e atividades afetam o açúcar no sangue e o peso.
- **Apoio social:** Incentivar o doente a procurar apoio junto da família, amigos ou grupos de gestão da diabetes para aumentar a motivação e a responsabilidade.
- **Alimentação consciente:** Promover práticas de alimentação conscientes para ajudar o doente a abrandar o ritmo, a saborear as refeições e a prestar atenção aos sinais de fome e saciedade, o que pode ajudar a fazer melhores escolhas alimentares e a controlar as porções.
- **Acompanhamentos regulares:** Marque consultas de acompanhamento regulares para monitorizar o peso, os níveis de açúcar no sangue e o progresso geral. Ajuste o plano conforme necessário com base nestes resultados.

3. **Estudo de caso 3:**
   Perfil do paciente:

   - Idade: 48 anos
   - Sexo: Feminino

- Estado de saúde: Obesidade, alimentação emocional
- Peso atual: 85 kg
- Altura: 160 cm
- Hábitos alimentares: Elevada ingestão de alimentos de conforto, padrões alimentares irregulares, baixa atividade física

Questão:

Como é que abordaria os factores psicológicos que contribuem para o aumento de peso deste doente e que modificações na dieta e no estilo de vida recomendaria?

Responder:

Abordar os factores psicológicos:

- **Terapia Cognitivo-Comportamental (TCC):** Recomendar a TCC para ajudar o doente a identificar e a alterar os padrões de pensamento e os comportamentos negativos relacionados com a alimentação emocional.
- **Gestão do stress:** Introduzir actividades que reduzam o stress, como ioga, meditação ou exercícios de respiração profunda, para ajudar o doente a gerir as emoções sem recorrer à comida.
- **Alimentação consciente:** Incentivar o doente a praticar uma alimentação consciente, abrandando o ritmo, saboreando os alimentos e prestando atenção aos sinais de fome e saciedade. Isto pode ajudar o doente a fazer escolhas alimentares mais conscientes e a reduzir a alimentação emocional.

Modificações dietéticas:

- **Criar um défice calórico:** Reduzir a ingestão calórica, escolhendo alternativas mais saudáveis aos alimentos de conforto e concentrando-se em alimentos integrais e ricos em nutrientes. Tenha como objetivo uma perda de peso de 0,5-1 kg por semana.
- **Dieta equilibrada:** Dê ênfase a uma ingestão equilibrada de proteínas magras, gorduras saudáveis e hidratos de carbono ricos em fibras. Inclua frutas, legumes, cereais integrais e leguminosas para aumentar a saciedade e apoiar uma digestão saudável.

- **Controlo das porções:** Ensinar o doente sobre o tamanho das porções e encorajar a utilização de pratos ou tigelas mais pequenos para ajudar a controlar a ingestão calórica sem se sentir privado.
- **Planeamento das refeições:** Incentivar o planeamento das refeições com antecedência e o estabelecimento de padrões regulares de refeições para evitar uma alimentação impulsiva e pouco saudável.

Modificações do estilo de vida:

- **Aumentar a atividade física:** Comece com exercícios de intensidade moderada, como caminhar ou nadar, durante pelo menos 150 minutos por semana. Aumente gradualmente a intensidade e a duração à medida que a condição física do doente melhora.
- **Auto-monitorização:** Sugerir a manutenção de um diário alimentar ou a utilização de uma aplicação móvel para monitorizar a ingestão de alimentos, a atividade física e os estímulos emocionais. Isto pode ajudar o doente a identificar padrões e a fazer as alterações necessárias.
- **Apoio social:** Incentivar o doente a procurar apoio junto da família, amigos ou grupos de apoio para aumentar a motivação e a responsabilidade.
- **Acompanhamento regular:** Agendar consultas de acompanhamento regulares para monitorizar o progresso, fornecer formação contínua e fazer os ajustes necessários ao plano.

4. **Estudo de caso 4:**

   Perfil do paciente:

   - Idade: 60 anos
   - Sexo: Masculino
   - Problemas de saúde: Obesidade, Hipertensão, Dislipidemia
   - Peso atual: 105 kg
   - Altura: 170 cm
   - Hábitos alimentares: Elevada ingestão de gorduras saturadas, consumo frequente de fast food, estilo de vida sedentário

Questão:

Que plano alimentar e de estilo de vida abrangente recomendaria para gerir o peso deste doente e as condições de saúde associadas?

Responder:

Plano dietético abrangente:

- **Criar um défice calórico:** Reduzir a ingestão calórica, concentrando-se em alimentos integrais e não processados e controlando o tamanho das porções. Tenha como objetivo uma perda de peso de 0,5-1 kg por semana.
- **Dieta equilibrada:** Dê ênfase a uma ingestão equilibrada de proteínas magras, gorduras saudáveis e hidratos de carbono ricos em fibras. Substitua as gorduras saturadas por fontes de gorduras insaturadas, como abacates, frutos secos e azeite. Inclua frutas, legumes, cereais integrais e leguminosas para apoiar a saúde do coração e melhorar o perfil lipídico.
- **Controlo das porções:** Educar o doente sobre o tamanho adequado das porções e encorajar a utilização de pratos ou tigelas mais pequenos para ajudar a controlar a ingestão calórica.
- **Planeamento das refeições:** Incentivar o planeamento das refeições com antecedência e evitar a comida rápida, preparando as refeições em casa. Incorporar padrões de refeições regulares para manter níveis de energia estáveis e evitar a fome extrema.

Modificações do estilo de vida:

- **Aumentar a atividade física:** Promover a atividade física regular, incluindo exercícios aeróbicos (por exemplo, caminhar, andar de bicicleta) e treino de força, para apoiar a perda de peso e melhorar a saúde cardiovascular. O objetivo é fazer pelo menos 150 minutos de exercício de intensidade moderada por semana.
- **Auto-monitorização:** Recomendar a manutenção de um diário alimentar ou a utilização de uma aplicação móvel para acompanhar a ingestão de alimentos, a atividade física e o progresso. Isto pode ajudar o doente a manter-se motivado e a identificar áreas de melhoria.

- **Alimentação consciente:** Incentivar o doente a praticar uma alimentação consciente, abrandando o ritmo, saboreando os alimentos e prestando atenção aos sinais de fome e saciedade.
- **Apoio social:** Incentivar o doente a procurar apoio junto da família, amigos ou grupos de apoio para aumentar a motivação e a responsabilidade.
- **Acompanhamento regular:** Agendar consultas de acompanhamento regulares para monitorizar o progresso, fornecer formação contínua e fazer os ajustes necessários ao plano.

CAPÍTULO NOVE: DIETOTERAPIA NAS DOENÇAS RENAIS

Objectivos de aprendizagem: Dietoterapia para Doenças Renais

1. **Definir doenças renais**
2. **Identificar as causas e as consequências**
3. **Implementar a gestão dietética para a IRA**
4. **Adaptar as abordagens dietéticas à DRC**
5. **Monitorizar a ingestão de electrólitos**
6. **Gerir a ingestão de líquidos**
7. **Necessidades nutricionais dos doentes em diálise**
8. **Reconhecer o papel das vitaminas e dos minerais**
9. **Promover hábitos alimentares saudáveis**
10. **Educar os doentes e os prestadores de cuidados**

Introdução

As doenças renais, incluindo a lesão renal aguda (LRA) e a doença renal crónica (DRC), afectam significativamente a capacidade do organismo para manter a homeostase, controlar os electrólitos e eliminar os resíduos. A gestão nutricional desempenha um papel crucial no apoio à função renal, minimizando as complicações e melhorando a qualidade de vida dos doentes.

A dietoterapia é um componente crucial na gestão das doenças renais, com um impacto significativo nos resultados e na qualidade de vida dos doentes. Os rins desempenham um papel essencial na filtragem dos produtos residuais, na regulação do equilíbrio dos fluidos e na manutenção dos níveis de electrólitos no organismo. Quando a função renal diminui, estes processos vitais podem ficar comprometidos, levando a uma acumulação de toxinas e desequilíbrios que podem ter consequências graves para a saúde.

A gestão eficaz da dieta para indivíduos com doenças renais envolve a adaptação de planos nutricionais para atender às necessidades específicas de cada paciente. Isto inclui frequentemente modificações na ingestão de proteínas, sódio, potássio e fósforo, consoante a fase e o tipo de doença renal. Uma dieta bem planeada pode ajudar a retardar a progressão da lesão renal, controlar os sintomas e melhorar a saúde geral.

A dietoterapia para as doenças renais não se concentra apenas na restrição de nutrientes, mas também enfatiza a importância de alimentos ricos em nutrientes que fornecem vitaminas e minerais essenciais. Ao promover hábitos alimentares saudáveis e mudanças no estilo de vida, os profissionais de saúde podem dar aos doentes a possibilidade de assumirem um papel ativo na gestão da sua saúde.

Este capítulo explora as abordagens dietéticas para gerir vários tipos de doenças renais, incluindo a doença renal crónica (DRC), cálculos renais e doença renal terminal (DRT). Através da compreensão dos princípios da dietoterapia, os doentes e os prestadores de cuidados podem fazer escolhas alimentares informadas que apoiam a saúde renal e melhoram o bem-estar.

1. Doença renal aguda e crónica

Doença renal aguda (AKI):

- **Definição**: Diminuição súbita da função renal, frequentemente reversível, caracterizada por um aumento abrupto da creatinina sérica ou por uma diminuição do débito urinário.
- **Causas**: Inclui condições como a desidratação, infecções, medicamentos e obstruções no trato urinário.
- **Controlo dietético**: Inicialmente, pode ser necessária uma restrição de proteínas e de sódio, bem como a monitorização da ingestão de líquidos para evitar sobrecargas. À medida que o doente estabiliza, as necessidades dietéticas podem ser reavaliadas.

Doença renal crónica (DRC):

- **Definição**: Perda progressiva da função renal ao longo do tempo, categorizada em cinco fases com base na taxa de filtração glomerular (TFG).
- **Causas**: As causas mais comuns incluem diabetes, hipertensão, glomerulonefrite e doença renal policística.
- **Controlo da dieta**: Dependendo da fase da DRC, as abordagens dietéticas podem ser diferentes. Normalmente, o foco inclui:
    - DRC em fase avançada: Pode ser necessária uma restrição proteica para reduzir a acumulação de ureia, juntamente com uma gestão cuidadosa dos electrólitos.

2. Gestão dietética de electrólitos e nutrientes

1. Proteína:

- Nas fases iniciais da DRC, é encorajada uma ingestão moderada de proteínas para apoiar a nutrição sem sobrecarregar a função renal. Nas fases mais avançadas, a ingestão de proteínas pode ter de ser restringida.
- As fontes de proteína de alta qualidade (por exemplo, ovos, carnes magras, peixe) são enfatizadas para fornecer aminoácidos essenciais.

2. Sódio:

- A restrição de sódio é crucial para controlar a tensão arterial e prevenir a retenção de líquidos, especialmente em doentes com DRC e IRA. O objetivo é geralmente limitar a ingestão de sódio a 2 300 mg por dia ou menos.

3. Potássio:

- Monitorizar atentamente a ingestão de potássio, especialmente na DRC avançada. Níveis elevados de potássio podem levar a hipercalemia, uma condição potencialmente fatal.
- Os alimentos ricos em potássio (por exemplo, bananas, laranjas, batatas) podem ter de ser limitados ou evitados, de acordo com os valores laboratoriais individuais.

4. Fósforo:

- O controlo do fósforo é importante, uma vez que podem ocorrer níveis elevados na DRC devido à redução da excreção. Os alimentos ricos em fósforo (por exemplo, lacticínios, frutos secos, feijões, alimentos processados) devem ser limitados.
- Os doentes podem também necessitar de ligantes de fosfato para ajudar a controlar os níveis.

5. Cálcio:

- A ingestão de cálcio deve ser monitorizada, especialmente em doentes a tomar ligantes de fosfato que podem baixar os níveis de cálcio. Os produtos lácteos podem constituir uma boa fonte de cálcio, mas os produtos lácteos com elevado teor de fósforo devem ser limitados.

6. Gestão de fluidos:

- A ingestão de líquidos pode ter de ser restringida na DRC, particularmente em doentes que se aproximam da fase terminal da doença renal ou em diálise. O equilíbrio de fluidos deve ser monitorizado, tendo em conta o débito urinário e qualquer potencial sobrecarga de fluidos.

3. Requisitos de nutrição em diálise

1. Hemodiálise:

- As necessidades alimentares alteram-se significativamente nos doentes que fazem hemodiálise, que remove os resíduos e o excesso de fluidos do sangue. As principais recomendações incluem:
    - **Proteína**: É necessário um aumento da ingestão de proteínas (1,2-1,5 g/kg de peso corporal) para compensar as perdas durante a diálise.
    - **Potássio e fósforo**: Normalmente, os doentes precisam de continuar a restringir o potássio e o fósforo na dieta.
    - **Sódio e fluidos**: As restrições de sódio e fluidos continuam a ser essenciais para prevenir a hipertensão e a sobrecarga de volume.

2. Diálise peritoneal:

- Para os doentes submetidos a diálise peritoneal, a gestão da dieta centra-se no fornecimento de energia e proteínas suficientes, ao mesmo tempo que se controla o equilíbrio de fluidos e electrólitos:
    - **Proteína**: Necessidades acrescidas de proteínas semelhantes às dos doentes em hemodiálise (1,2-1,5 g/kg de peso corporal), devido a perdas no dialisado.
    - **Calorias**: A ingestão calórica adequada é crucial, uma vez que a glucose no dialisato pode contribuir com calorias adicionais. A ingestão de hidratos de carbono pode ter de ser ajustada de acordo com as necessidades do doente.
    - **Electrólitos**: A monitorização e a gestão dos níveis de potássio, sódio e fósforo continuam a ser essenciais.

3. Vitaminas e minerais:

- Os doentes com doença renal, especialmente os que estão em diálise, podem necessitar de suplementação de determinadas vitaminas e minerais (por exemplo, vitamina D, vitaminas hidrossolúveis) devido a perdas durante o tratamento e a restrições alimentares.

Conclusão

A dietoterapia nas doenças renais é fundamental para gerir as condições agudas e crónicas, garantir a adequação dos nutrientes e prevenir complicações. As intervenções dietéticas individualizadas que têm em conta as proteínas, a gestão dos electrólitos e as restrições de fluidos são vitais para otimizar a saúde e promover uma melhor qualidade de vida nos doentes com doença renal. Através de um planeamento dietético cuidadoso e de uma monitorização contínua, os prestadores de cuidados de saúde podem apoiar a saúde renal e o bem-estar geral dos indivíduos afectados por doenças renais.

Perguntas de revisão do capítulo: Dietoterapia para Doenças Renais

Perguntas de escolha múltipla

1. **Questão:** Qual é uma caraterística da lesão renal aguda (LRA)?
   - A) Perda progressiva da função renal
   - B) Diminuição súbita da função renal
   - C) Aumento do débito urinário
   - D) Progressão crónica ao longo dos anos
   - **Resposta:** B) Diminuição súbita da função renal
2. **Questão:** Que doença *não é* uma causa comum de doença renal crónica (DRC)?
   - A) Diabetes
   - B) Hipertensão
   - C) Desidratação
   - D) Doença renal policística
   - **Resposta:** C) Desidratação
3. **Questão:** Na gestão dietética da DRC, porque é que a ingestão de proteínas pode ser restringida na fase tardia da DRC?
   - A) Para prevenir a hipercalemia

- B) Para reduzir a acumulação de ureia
- C) Para aumentar os níveis de cálcio
- D) Para aumentar a retenção de líquidos
- **Resposta:** B) Para reduzir a acumulação de ureia.

4. **Questão:** Porque é que a restrição de sódio é importante para os doentes com DRC?
    - A) Para aumentar a tensão arterial
    - B) Para evitar a retenção de líquidos
    - C) Para aumentar a absorção de fósforo
    - D) Para aumentar os níveis de potássio
    - **Resposta:** B) Para evitar a retenção de líquidos
5. **Questão:** Que nutriente deve ser monitorizado de perto para prevenir a hipercalemia em doentes com DRC avançada?
    - A) Sódio
    - B) Cálcio
    - C) Potássio
    - D) Fósforo
    - **Responde:** C) Potássio
6. **Questão:** Que papel desempenham os ligantes de fosfato no controlo da DRC?
    - A) Aumentar a absorção de cálcio
    - B) Diminuir a absorção de fósforo
    - C) Aumentar a retenção de sódio
    - D) Aumentar a ingestão de proteínas
    - **Resposta:** B) Diminuir a absorção de fósforo
7. **Questão:** Que ajuste dietético *não* é tipicamente recomendado para pacientes em hemodiálise?
    - A) Aumento da ingestão de proteínas
    - B) Redução da ingestão de fósforo

- C) Aumento da ingestão de potássio
- D) Restrições de sódio e de líquidos
- **Resposta:** C) Aumento da ingestão de potássio

8. **Questão:** Para os doentes submetidos a diálise peritoneal, porque é que a ingestão de hidratos de carbono deve ser ajustada?
   - A) Devido a perdas no dialisado
   - B) Devido à absorção de glucose do dialisado
   - C) Para aumentar a retenção de líquidos
   - D) Para diminuir as necessidades proteicas
   - **Resposta:** B) Devido à absorção de glucose do dialisado
9. **Questão:** Qual dos seguintes nutrientes pode necessitar de suplementação em doentes em diálise devido a perdas durante o tratamento?
   - A) Sódio
   - B) Potássio
   - C) Vitaminas hidrossolúveis
   - D) Fósforo
   - **Responde:** C) Vitaminas hidrossolúveis
10. **Questão:** Qual é a principal estratégia de gestão da dieta para gerir os níveis de cálcio em doentes com DRC?
    - A) Aumento da ingestão de sódio
    - B) Evitar todos os produtos lácteos
    - C) Monitorização da ingestão de cálcio, especialmente quando se utilizam ligantes de fosfato
    - D) Aumento da ingestão de fósforo
    - **Resposta:** C) Monitorizar a ingestão de cálcio, especialmente quando se utilizam ligantes de fosfato

Perguntas diretas

1. **Questão:** Explique a diferença entre a lesão renal aguda (LRA) e a doença renal crónica (DRC) em termos de início e progressão.

- **Resposta:** A lesão renal aguda (LRA) é caracterizada por uma diminuição súbita e muitas vezes reversível da função renal, que ocorre normalmente ao longo de horas ou dias. É marcada por um aumento abrupto da creatinina sérica ou uma diminuição do débito urinário. Em contrapartida, a doença renal crónica (DRC) é uma perda progressiva da função renal que ocorre ao longo de meses ou anos e é classificada em cinco fases com base na taxa de filtração glomerular (TFG). A DRC resulta frequentemente de doenças de longa duração, como a diabetes e a hipertensão, e geralmente conduz a danos irreversíveis nos rins.

2. **Questão:** Porque é que a restrição de sódio é importante no tratamento dietético da DRC e da IRA?

    - **Resposta:** A restrição de sódio é importante na DRC e na LRA porque ajuda a controlar a pressão arterial e a evitar a retenção de líquidos. A ingestão excessiva de sódio pode levar à hipertensão e exacerbar a sobrecarga de líquidos, o que pode sobrecarregar ainda mais os rins e piorar a função renal. Em doentes com DRC e IRA, recomenda-se geralmente limitar a ingestão de sódio a 2 300 mg por dia ou menos para ajudar a controlar estes riscos.

3. **Questão:** Qual é a importância de controlar a ingestão de fósforo em doentes com DRC?

    - **Resposta:** O controle da ingestão de fósforo é crucial em pacientes com DRC porque a capacidade dos rins de excretar fósforo diminui com o declínio da função renal. Níveis elevados de fósforo podem levar a hiperfosfatemia, que pode causar depósitos de cálcio e fósforo nos vasos sanguíneos, tecidos moles e órgãos, levando a complicações como doenças cardiovasculares e distúrbios ósseos. Para prevenir estes problemas, os doentes são frequentemente aconselhados a limitar os alimentos ricos em fósforo e podem ser-lhes prescritos ligantes de fosfato para reduzir a absorção de fósforo pelo intestino.

4. **Questão:** Descreva as recomendações dietéticas de proteínas para um paciente em hemodiálise.

    - **Resposta:** Para pacientes em hemodiálise, as necessidades de proteína aumentam para compensar as perdas que ocorrem durante o processo de diálise. A ingestão recomendada de proteínas é de 1,2-1,5 gramas por quilograma de peso corporal por dia. As fontes de proteínas de elevada qualidade, como os ovos, as carnes magras e o peixe, são privilegiadas para garantir a ingestão de aminoácidos essenciais. Uma quantidade adequada de proteínas é essencial para manter a massa muscular, apoiar a função imunitária e promover a saúde geral dos doentes em diálise.

5. **Questão:** Como é que a gestão de fluidos difere entre os doentes com DRC que não estão em diálise e os que estão a fazer diálise?
    - **Resposta:** Em pacientes com DRC que não estão em diálise, pode ser necessário restringir a ingestão de líquidos, especialmente com a diminuição da função renal, para evitar sobrecarga de líquidos e complicações associadas, como hipertensão e edema. A restrição é normalmente baseada no débito urinário do doente e em quaisquer sinais de retenção de líquidos. Por outro lado, os doentes em diálise, especialmente em hemodiálise, necessitam frequentemente de um controlo ainda mais rigoroso dos líquidos, porque os rins não conseguem eliminar suficientemente o excesso de líquidos. A diálise ajuda a remover parte dos líquidos acumulados, mas a ingestão de líquidos deve ser monitorizada de perto para evitar complicações entre as sessões de diálise, como hipertensão e insuficiência cardíaca.

Estudos de caso

1. **Estudo de caso 1:**
   Perfil do paciente:
    - Idade: 55 anos
    - Sexo: Masculino
    - Estado de saúde: IRA devido a desidratação
    - Creatinina sérica atual: Elevada
    - Produção de urina: Diminuído
    - Hábitos alimentares: Elevada ingestão de proteínas, elevada ingestão de sódio

   Questão:
   Desenvolver um plano dietético para apoiar a recuperação deste doente de uma IRA.

Responder:
Plano alimentar:

- **Restrição de proteínas:** Inicialmente, reduzir a ingestão de proteínas para evitar sobrecarregar os rins com a produção de ureia. Pode ser reintroduzida uma ingestão moderada de proteínas à medida que o doente estabiliza.
- **Restrição de sódio:** Limitar a ingestão de sódio a 2.300 mg por dia ou menos para ajudar a controlar a pressão arterial e evitar a retenção de líquidos, que é crucial na recuperação da LRA.
- **Gestão de fluidos:** Monitorizar e potencialmente restringir a ingestão de fluidos para evitar a sobrecarga de fluidos, especialmente se o débito urinário se mantiver baixo. O equilíbrio de fluidos deve ser reavaliado regularmente.
- **Reavaliação:** À medida que a função renal melhora, reavaliar e ajustar gradualmente a ingestão de proteínas e líquidos para satisfazer as necessidades nutricionais do doente, apoiando simultaneamente a recuperação renal.

2. **Estudo de caso 2:**
Perfil do paciente:

- Idade: 70 anos
- Género: Feminino
- Estado de saúde: CKD Fase 4, Hipertensão
- Taxa de filtração glomerular atual: 20 ml/min
- Hábitos alimentares: Elevada ingestão de potássio, consumo frequente de alimentos processados

Questão:
Que modificações dietéticas recomendaria a esta doente para controlar a sua DRC e hipertensão?

Responder:
Modificações dietéticas:

- **Ingestão de proteínas:** Recomendar uma ingestão moderada de proteínas para evitar a acumulação excessiva de ureia, assegurando simultaneamente uma nutrição adequada. Dar ênfase a fontes de proteína de alta qualidade.

- **Restrição de sódio:** Limitar a ingestão de sódio a 2.300 mg por dia ou menos para controlar a hipertensão e evitar a retenção de líquidos. Incentivar o doente a reduzir os alimentos processados, que são frequentemente ricos em sódio.
- **Controlo do potássio:** Monitorizar e potencialmente limitar a ingestão de potássio para prevenir a hipercalemia. Aconselhar o paciente a evitar alimentos com alto teor de potássio, como bananas, laranjas e batatas, e a escolher alternativas com baixo teor de potássio com base nos valores laboratoriais individuais.
- **Restrição de fósforo:** Recomendar a limitação de alimentos ricos em fósforo (por exemplo, lacticínios, frutos secos, feijões) para controlar os níveis de fósforo. Considerar a necessidade de ligantes de fosfato se os níveis de fósforo estiverem elevados.
- **Gestão de fluidos:** Dependendo do estado de fluidos do paciente, pode ser necessário restringir a ingestão de fluidos para evitar sobrecarga, especialmente com a TFG baixa.

3. **Estudo de caso 3:**
   Perfil do paciente:

   - Idade: 60 anos
   - Sexo: Masculino
   - Estado de saúde: Doença renal em fase terminal (ESRD), em hemodiálise
   - Peso atual: 80 kg
   - Hábitos alimentares: Baixa ingestão de proteínas, alta ingestão de fósforo

   Questão:
   Como é que ajustaria a dieta deste doente para satisfazer as necessidades nutricionais da hemodiálise?

   Responder:
   Ajustes dietéticos:

   - **Aumentar a ingestão de proteínas:** Recomenda-se o aumento da ingestão de proteínas para 1,2-1,5 gramas por quilograma de peso corporal por dia (96-120 gramas por dia) para compensar as perdas de proteínas durante a diálise. Concentre-se em fontes de proteína de alta qualidade, como carnes magras, ovos e peixe.

- **Restrição de fósforo:** Aconselhar o doente a limitar os alimentos ricos em fósforo (por exemplo, lacticínios, frutos secos, feijão) para evitar a hiperfosfatemia. Podem ser necessários ligantes de fosfato para ajudar a controlar os níveis de fósforo.
- **Restrição de potássio:** Continuar a monitorizar e a restringir a ingestão de potássio, conforme necessário, para prevenir a hipercalemia. Incentivar o doente a evitar alimentos ricos em potássio e a selecionar alternativas com baixo teor de potássio.
- **Gestão de sódio e fluidos:** Manter restrições de sódio e fluidos para evitar hipertensão e sobrecarga de fluidos. O doente deve monitorizar cuidadosamente a ingestão de líquidos, equilibrando-a com a quantidade removida durante as sessões de diálise.

4. **Estudo de caso 4:**

Perfil do paciente:

- Idade: 50 anos
- Género: Feminino
- Estado de saúde: CKD Estágio 3, Hipercalemia
- Taxa de filtração glomerular atual: 45 ml/min
- Hábitos alimentares: Elevada ingestão de potássio, dieta vegetariana

Questão:

Que recomendações dietéticas específicas daria a este doente para controlar a hipercalemia e apoiar a função renal?

Resposta:

Recomendações dietéticas:

- **Controlo do potássio:** Aconselhar o doente a limitar os alimentos ricos em potássio, como bananas, laranjas, tomates, espinafres e batatas. Incentivar alternativas com baixo teor de potássio, como maçãs, bagas, uvas e couve-flor, mantendo uma dieta vegetariana equilibrada.

- **Ingestão de proteínas:** Assegurar que o doente está a consumir fontes de proteínas vegetais adequadas e de elevada qualidade, como tofu, tempeh e leguminosas, e monitorizar a ingestão de potássio proveniente destas fontes. A ingestão de proteínas deve ser moderada para evitar a produção excessiva de ureia.
- **Restrição de fósforo:** Monitorizar a ingestão de fósforo, especialmente de fontes vegetais como frutos secos, sementes e feijões, que podem ser ricos em fósforo. Considerar a necessidade de ligantes de fosfato se os níveis de fósforo forem elevados.
- **Restrição de sódio:** Limitar a ingestão de sódio para controlar a tensão arterial e evitar a retenção de líquidos. Incentivar o doente a reduzir os alimentos processados, que são frequentemente ricos em sódio.
- **Gestão de fluidos:** Dependendo do estado de fluidos do doente, a ingestão de fluidos pode ter de ser monitorizada e potencialmente restringida para evitar a sobrecarga, especialmente à medida que a DRC progride.

CAPÍTULO DEZ: DIETOTERAPIA PARA DISTÚRBIOS GASTROINTESTINAIS

Objectivos de aprendizagem: Dietoterapia para Distúrbios Gastrointestinais

1. **Definir perturbações gastrointestinais**
2. **Identificar o impacto dos distúrbios gastrointestinais na saúde**
3. **Implementar a gestão dietética para a DII**
4. **Aplicar a dieta baixa em FODMAP para a SII**
5. **Formular uma dieta sem glúten para a doença celíaca**
6. **Abordar as necessidades nutricionais nas síndromes de má absorção**
7. **Promover suplementos nutricionais quando necessário**
8. **Incentivar hábitos alimentares saudáveis**
9. **Educar os doentes para a auto-monitorização**
10. **Apoiar modificações comportamentais e do estilo de vida**

Introdução

Os distúrbios gastrointestinais (GI) podem afetar significativamente a absorção de nutrientes, a digestão e a saúde em geral. A gestão eficaz da alimentação é crucial para aliviar os sintomas, promover a cura e melhorar a qualidade de vida dos indivíduos com várias doenças gastrointestinais. Este capítulo aborda quatro doenças gastrointestinais importantes: doenças inflamatórias intestinais (DII), síndrome do intestino irritável (SII), doença celíaca e síndromes de má absorção.

As perturbações gastrointestinais englobam uma vasta gama de doenças que afectam o sistema digestivo, incluindo a síndrome do intestino irritável (SII), a doença inflamatória intestinal (DII), a doença celíaca e a doença do refluxo gastroesofágico (DRGE). Estas perturbações podem afetar significativamente a capacidade de um indivíduo digerir os alimentos, absorver nutrientes e manter a saúde em geral. A gestão eficaz das perturbações gastrointestinais requer frequentemente uma abordagem multifacetada, desempenhando a dietoterapia um papel central no alívio dos sintomas e na promoção da cura.

A dietoterapia para as perturbações gastrointestinais centra-se na identificação e modificação dos padrões alimentares que contribuem para os sintomas, assegurando simultaneamente uma nutrição adequada. Isto envolve frequentemente a eliminação de alimentos específicos que desencadeiam o desconforto gastrointestinal, a incorporação de nutrientes amigos do intestino e a promoção de refeições equilibradas que apoiam a saúde digestiva. As intervenções dietéticas adaptadas podem ajudar a gerir a inflamação, reduzir o desconforto e melhorar a qualidade de vida global das pessoas afectadas.

Compreender a relação entre a alimentação e a saúde gastrointestinal é essencial tanto para os profissionais de saúde como para os doentes. Ao explorar estratégias alimentares, como a dieta baixa em FODMAP para a SII, as dietas sem glúten para a doença celíaca e as dietas anti-inflamatórias para a DII, os indivíduos podem fazer escolhas informadas que melhoram a função digestiva e promovem o bem-estar.

Este capítulo analisa as abordagens dietéticas para a gestão de várias perturbações gastrointestinais, destacando a importância da nutrição personalizada e o papel da dieta na promoção da recuperação e na manutenção da saúde digestiva. Através de uma terapia dietética eficaz, os doentes podem obter alívio dos sintomas, otimizar a ingestão de nutrientes e melhorar a sua qualidade de vida global.

1. Doenças inflamatórias intestinais (IBD)

Definição:

- As doenças inflamatórias intestinais, incluindo a doença de Crohn e a colite ulcerosa, são doenças inflamatórias crónicas do trato gastrointestinal. Envolvem períodos de exacerbação e remissão, afectando a qualidade de vida e o estado nutricional.

Gestão dietética:

- **Dieta anti-inflamatória**: Dá ênfase a alimentos integrais ricos em antioxidantes, ácidos gordos ómega 3 e fibras para ajudar a reduzir a inflamação. São encorajados alimentos como frutas, legumes, peixe, frutos secos e cereais integrais.
- **Evitar alimentos que desencadeiam os sintomas**: Muitos indivíduos com DII podem achar que certos alimentos exacerbam os sintomas (por exemplo, lacticínios, alimentos gordos, alimentos ricos em fibras durante a doença ativa). Um diário alimentar pode ajudar a identificar os factores de desencadeamento pessoais.
- **Suplementos nutricionais**: Devido ao risco de desnutrição, pode ser necessária a toma de suplementos, nomeadamente de vitaminas e minerais

(por exemplo, vitamina D, cálcio, ferro, folato), especialmente se a ingestão for limitada durante as crises.

- **Hidratação**: É essencial manter uma hidratação adequada, especialmente durante a diarreia ou quando se tomam medicamentos anti-inflamatórios.

2. Síndroma do Intestino Irritável (SII)

Definição:

- A síndrome do intestino irritável é uma perturbação gastrointestinal funcional caracterizada por sintomas como dor abdominal, inchaço, gases e alteração dos hábitos intestinais (diarreia ou obstipação).

Gestão dietética:

- **Dieta baixa em FODMAP**: Esta dieta envolve a redução de oligossacáridos, dissacáridos, monossacáridos e polióis fermentáveis. Ela pode ajudar a aliviar os sintomas de muitos indivíduos com SII.
- **Padrões regulares de refeições**: Incentivar a regularidade das refeições e o controlo das porções pode ajudar a gerir os sintomas e a melhorar a digestão.
- **Redução de alimentos problemáticos**: Identificar e minimizar os alimentos ricos em gordura, a cafeína e os adoçantes artificiais, que podem exacerbar os sintomas.
- **Aumentar a fibra solúvel**: Alimentos como a aveia, psyllium e frutas (como bananas e maçãs) podem ajudar a regular os movimentos intestinais e reduzir os sintomas.

3. Doença celíaca

Definição:

- A doença celíaca é uma doença autoimune em que a ingestão de glúten (uma proteína encontrada no trigo, cevada e centeio) leva a danos no intestino delgado.

Gestão dietética:

- **Dieta rigorosa sem glúten**: A pedra angular do tratamento é a eliminação de todas as fontes de glúten. Isto inclui evitar alimentos que contenham trigo, cevada, centeio e seus derivados.

- **Ler os rótulos**: Os indivíduos devem ser diligentes na leitura dos rótulos dos alimentos para evitar fontes ocultas de glúten, incluindo em alimentos processados e medicamentos.
- **Considerações nutricionais**: Indivíduos com doença celíaca podem ter deficiências em nutrientes específicos (por exemplo, ferro, cálcio, fibras) devido à má absorção antes do diagnóstico. A inclusão de cereais integrais sem glúten (por exemplo, quinoa, arroz integral), frutas, legumes e proteínas magras pode ajudar a satisfazer as necessidades nutricionais.
- **Evitar a contaminação cruzada**: Educar os doentes sobre a prevenção da contaminação cruzada do glúten na preparação e armazenamento de alimentos.

4. Síndromes de má absorção

Definição:

- As síndromes de má absorção englobam uma série de condições em que o intestino não absorve os nutrientes de forma adequada. As causas podem incluir infecções, insuficiência pancreática e certas doenças gastrointestinais (como a DII).

Gestão dietética:

- **Identificar a causa subjacente**: O tratamento eficaz começa com o diagnóstico e o tratamento da causa subjacente da má absorção (por exemplo, reposição enzimática para insuficiência pancreática).
- **Suporte nutricional**: Dependendo do tipo e da gravidade da má absorção, os indivíduos podem necessitar de dietas especializadas ou de suplementos para satisfazer as suas necessidades nutricionais.
- **Aumento da ingestão calórica**: Os indivíduos podem precisar de consumir mais calorias e alimentos ricos em nutrientes para compensar as perdas e garantir uma absorção adequada.
- **Utilização de auxiliares digestivos**: Os suplementos de enzimas podem ajudar a melhorar a absorção de nutrientes e a digestão em indivíduos com condições específicas de má absorção.

Conclusão

A dietoterapia desempenha um papel crucial na gestão das perturbações gastrointestinais, incluindo as doenças inflamatórias do intestino, a síndrome do intestino irritável, a doença celíaca e as síndromes de má absorção. A adaptação das recomendações dietéticas às necessidades individuais pode aliviar os sintomas, aumentar a absorção de nutrientes e melhorar a saúde e o bem-estar geral. Uma abordagem multidisciplinar que envolva prestadores de cuidados de saúde, dietistas e doentes é essencial para uma gestão dietética bem sucedida e para alcançar resultados óptimos na saúde gastrointestinal.

Perguntas de escolha múltipla

1. **Quais são as principais doenças inflamatórias intestinais (DII)?**
   - A) Doença celíaca e SII
   - B) Doença de Crohn e colite ulcerosa
   - C) Diverticulite e gastrite
   - D) Úlceras pépticas e doença de refluxo
   Resposta: B) Doença de Crohn e colite ulcerosa
2. **Qual das seguintes estratégias dietéticas é recomendada para gerir a SII?**
   - A) Dieta rica em fibras
   - B) Dieta baixa em FODMAP
   - C) Dieta cetogénica
   - D) Dieta sem glúten
   Resposta: B) Dieta baixa em FODMAP
3. **Na doença celíaca, que componente alimentar deve ser rigorosamente evitado?**
   - A) Lactose
   - B) Glúten
   - C) Frutose
   - D) Fibra
   Resposta: B) Glúten
4. **Qual é um sintoma comum das síndromes de má absorção?**
   - A) Aumento do apetite
   - B) Aumento de peso

- C) Inchaço abdominal e diarreia
- D) Insónia
  Resposta: C) Inchaço abdominal e diarreia

5. **Qual dos seguintes medicamentos NÃO é recomendado para indivíduos com DII durante as crises?**
   - A) Hidratação
   - B) Alimentos ricos em fibras
   - C) Suplementos nutricionais
   - D) Alimentos anti-inflamatórios
     Resposta: B) Alimentos ricos em fibras

Estudos de caso

Estudo de caso 1: Gerir a doença de Crohn

Laura, uma mulher de 30 anos a quem foi diagnosticada a doença de Crohn, tem dores abdominais frequentes e diarreia. Foi aconselhada pelo seu profissional de saúde a ajustar a sua dieta.

Perguntas:

1. Que mudanças na dieta Laura deve considerar para controlar sua condição?
2. Como é que ela pode identificar os alimentos desencadeadores que agravam os seus sintomas?

Respostas:

1. Laura deveria:
   - Siga uma dieta anti-inflamatória, concentrando-se em alimentos integrais como frutas, legumes, peixe, nozes e grãos integrais.
   - Evite alimentos desencadeadores como os lacticínios, alimentos ricos em gordura e alimentos ricos em fibras durante as crises.
   - Considere a possibilidade de tomar suplementos de vitaminas e minerais, especialmente se a sua ingestão for limitada durante as crises.
   - Manter uma hidratação adequada, especialmente durante os episódios de diarreia.
2. **A Laura pode identificar os alimentos desencadeadores:**
   - Manter um diário alimentar para registar as suas refeições e sintomas.

- Registar todos os alimentos consumidos antes do início dos sintomas para reconhecer padrões.
- Consultar um nutricionista para ajudar a analisar a sua dieta e identificar os alimentos problemáticos.

Estudo de caso 2: Gestão da doença celíaca

Mark é um homem de 28 anos a quem foi diagnosticada a doença celíaca. Tem estado a seguir uma dieta sem glúten, mas não tem a certeza de como garantir que satisfaz as suas necessidades nutricionais.

Perguntas:

1. Que alimentos deve o Mark incluir na sua dieta para manter uma nutrição adequada?
2. Como é que o Mark pode evitar a contaminação cruzada na sua preparação de alimentos?

Respostas:

1. A marca deve incluir:
    - Cereais integrais sem glúten, como a quinoa, o arroz integral e a aveia certificada sem glúten.
    - Uma variedade de frutas e legumes para obter vitaminas e minerais.
    - Proteínas magras, como o frango, o peixe e as leguminosas, para apoiar a saúde geral.
    - Produtos lácteos ou alternativas aos produtos lácteos, fortificados com cálcio e vitamina D, se tolerados.
2. **A Mark pode evitar a contaminação cruzada**
    - Utilizar utensílios, tábuas de corte e superfícies de cozedura separadas para os alimentos sem glúten.
    - Limpar bem todas as superfícies da cozinha antes de preparar refeições sem glúten.
    - Ter cuidado ao comer fora de casa, certificando-se de que os restaurantes têm conhecimento das práticas sem glúten.

Perguntas e respostas diretas

1. **Quais são os principais componentes de uma dieta anti-inflamatória para indivíduos com doenças inflamatórias intestinais (DII)?**
   - **Resposta:** Os componentes primários incluem alimentos integrais ricos em antioxidantes, ácidos gordos ómega 3 e fibras. Isto inclui frutas, legumes, peixe, frutos secos e cereais integrais.
2. **Quais são alguns dos alimentos desencadeadores comuns que os indivíduos com DII devem evitar?**
   - **Resposta:** Os alimentos desencadeadores comuns incluem produtos lácteos, alimentos ricos em gordura e alimentos ricos em fibras durante os períodos de doença ativa.
3. **Como é que um diário alimentar pode ajudar as pessoas com DII?**
   - **Resposta:** Um diário alimentar pode ajudar os indivíduos a identificar os alimentos que desencadeiam os seus sintomas, permitindo ajustes dietéticos mais personalizados.
4. **Qual é a principal estratégia de gestão da dieta para indivíduos com síndrome do intestino irritável (SII)?**
   - **Resposta:** A principal estratégia de gestão dietética é a dieta baixa em FODMAP, que envolve a redução de oligossacáridos, dissacáridos, monossacáridos e polióis fermentáveis.
5. **Qual é o papel das fibras solúveis na dieta de uma pessoa com SII?**
   - **Resposta:** A fibra solúvel ajuda a regular os movimentos intestinais e pode aliviar os sintomas da SII ao melhorar a digestão.
6. **Qual é a pedra angular do tratamento da doença celíaca?**
   - **Resposta:** A pedra angular do tratamento é uma dieta rigorosa sem glúten, que envolve a eliminação de todas as fontes de glúten da dieta.
7. **Porque é que a leitura dos rótulos dos alimentos é essencial para as pessoas com doença celíaca?**
   - **Resposta:** Ler os rótulos dos alimentos é essencial para evitar fontes ocultas de glúten em alimentos processados e medicamentos, que podem causar danos ao intestino delgado.
8. **Que deficiências nutricionais podem apresentar os indivíduos com doença celíaca?**

- **Resposta:** Indivíduos com doença celíaca podem apresentar deficiências de ferro, cálcio, fibras e certas vitaminas do complexo B devido à má absorção.

9. **Qual é a principal consideração dietética para gerir as síndromes de má absorção?**

    - **Resposta:** Uma consideração dietética fundamental é identificar a causa subjacente da má absorção, que pode envolver dietas especializadas ou suplementação para atender às necessidades de nutrientes.

10. **Como é que os suplementos enzimáticos podem beneficiar as pessoas com problemas específicos de má absorção?**

    - **Resposta:** Os suplementos de enzimas podem ajudar a melhorar a absorção e a digestão dos nutrientes, facilitando a obtenção dos nutrientes necessários a partir da dieta.

CAPÍTULO ONZE: DOENÇAS DO FÍGADO E DIETOTERAPIA

Objectivos de aprendizagem: Dietoterapia para Doenças do Fígado

1. **Definir doenças do fígado**
2. **Identificar as funções do fígado**
3. **Avaliar o impacto das doenças do fígado na saúde**
4. **Implementar a gestão nutricional da hepatite e da cirrose**
5. **Guia de Recomendações Dietéticas para a Doença do Fígado Gordo**
6. **Discutir os efeitos do álcool na saúde do fígado**
7. **Estabelecer diretrizes para a ingestão de álcool**
8. **Incentivar a modificação de um estilo de vida saudável**
9. **Apoio ao aconselhamento nutricional**
10. **Capacitar os doentes através da educação**

Introdução

O fígado é um órgão vital responsável por inúmeras funções essenciais, incluindo a desintoxicação, o metabolismo e a síntese de proteínas. As doenças hepáticas, como a hepatite, a cirrose, a doença do fígado gordo e o cancro do fígado, podem prejudicar significativamente estas funções, conduzindo a complicações de saúde graves. Como a prevalência das doenças hepáticas continua a aumentar a nível mundial, torna-se cada vez mais crucial compreender o seu impacto na saúde em geral e o papel da dietoterapia.

A dietoterapia desempenha um papel fundamental na gestão das doenças do fígado. Uma nutrição adequada pode ajudar a atenuar os sintomas, apoiar a função hepática e melhorar a capacidade de recuperação do organismo. Para os indivíduos com doenças hepáticas, as modificações dietéticas podem incluir a redução da ingestão de gorduras, a limitação do sódio, a garantia de um consumo adequado de proteínas e a prevenção do álcool e de determinadas toxinas. Adaptar as abordagens dietéticas às necessidades individuais não só ajuda a gerir a doença, como também promove o bem-estar geral.

Esta exploração das doenças do fígado e da dietoterapia tem como objetivo fornecer informações sobre a forma como as escolhas alimentares podem influenciar a saúde do fígado, a importância de planos de nutrição individualizados e recomendações práticas para as pessoas afectadas. Ao promover uma maior compreensão da relação entre a dieta e a função hepática, podemos capacitar os indivíduos para fazerem escolhas informadas que apoiem a sua saúde e melhorem a sua qualidade de vida.

1. Controlo nutricional da hepatite e da cirrose

1.1. Compreender a hepatite e a cirrose

- **Hepatite**: Inflamação do fígado, frequentemente causada por infecções virais, consumo de álcool ou toxinas. A hepatite crónica pode levar à cirrose.
- **Cirrose**: Uma fase tardia de cicatrização (fibrose) do fígado resultante de uma lesão hepática prolongada. Isto pode afetar a função hepática e levar a complicações como hipertensão portal, ascite e insuficiência hepática.

1.2. Objectivos nutricionais

- **Manter o estado nutricional**: Prevenir a desnutrição e a perda de massa muscular, comuns nas doenças hepáticas devido à diminuição do apetite e da absorção de nutrientes.
- **Apoiar a função hepática**: Os nutrientes podem ajudar na regeneração das células hepáticas e na saúde geral do fígado.

1.3. Recomendações dietéticas

- **Necessidades calóricas**: Uma ingestão calórica adequada é essencial para evitar a perda de peso. As recomendações variam frequentemente entre 25-35 kcal/kg de peso corporal por dia, adaptando-se com base nos gastos de energia e nas necessidades nutricionais.
- **Ingestão de proteínas**:
    - **Para a hepatite**: Recomenda-se uma ingestão moderada de proteínas (1,2-1,5 g/kg de peso corporal) para apoiar a saúde e a reparação do fígado.
    - **Para cirrose**: Os níveis de proteína podem precisar de ser ajustados com base nas complicações (como a encefalopatia hepática). Na cirrose estável sem complicações, a ingestão de proteínas pode muitas vezes ser mantida ou ligeiramente aumentada, mas as pessoas com encefalopatia significativa podem beneficiar com a redução das proteínas e com a preferência por proteínas de origem vegetal.

- **Hidratos de carbono**: Dê ênfase aos hidratos de carbono complexos (cereais integrais, frutas, legumes) para prevenir a hipoglicemia e fornecer energia.
- **Gorduras**: Devem ser incluídas gorduras saudáveis (como os ácidos gordos ómega 3 do peixe e os óleos vegetais), evitando o excesso de gorduras saturadas.
- **Micronutrientes**: Assegurar a ingestão adequada de vitaminas e minerais, especialmente vitaminas do complexo B, vitamina K, magnésio e zinco, uma vez que a doença hepática pode prejudicar a absorção de micronutrientes.

1.4. Gerir os sintomas e os efeitos secundários

- **Retenção de líquidos e ascite**: Considerar restrições de sódio (frequentemente <2.000 mg/dia) para ajudar a gerir a acumulação de fluidos.
- **Problemas gastrointestinais**: Refeições pequenas e frequentes podem melhorar o apetite e resolver problemas de sintomas digestivos.

2. Considerações dietéticas na doença do fígado gordo

2.1. Compreender a doença do fígado gordo

- **Doença hepática gordurosa não alcoólica (NAFLD)**: Caracterizada pela acumulação excessiva de gordura nas células do fígado, frequentemente relacionada com obesidade, resistência à insulina e síndrome metabólica.
- **Esteato-hepatite não alcoólica (NASH)**: Uma forma mais grave que pode progredir para inflamação do fígado, fibrose e cirrose.

2.2. Objectivos nutricionais

- **Controlo do peso**: A perda gradual de peso (5-10% do peso corporal) pode melhorar significativamente a histologia e a função hepática.
- **Melhorar a sensibilidade à insulina**: As alterações na dieta devem ter como objetivo melhorar a resistência à insulina.

2.3. Recomendações dietéticas

- **Ingestão calórica**: Concentrar-se em atingir um défice calórico para perda de peso; as necessidades individuais variam com base no peso inicial e no nível de atividade.
- **Macronutrientes equilibrados**:

- **Ingestão de hidratos de carbono**: Utilizar hidratos de carbono de baixo índice glicémico para evitar picos de insulina. Dê ênfase aos cereais integrais, frutas e legumes.
- **Proteínas**: Recomenda-se uma ingestão moderada de proteínas (1,0-1,2 g/kg de peso corporal), com ênfase em fontes magras para apoiar a perda de peso, mantendo a massa muscular.
- **Gorduras**: Adotar uma dieta de estilo mediterrânico, rica em gorduras monoinsaturadas (azeite, abacate) e ácidos gordos ómega 3 (peixe) e pobre em gorduras saturadas e trans.

- **Limitar os açúcares e os hidratos de carbono refinados**: Reduzir os açúcares simples e os hidratos de carbono refinados pode ajudar a reduzir a acumulação de gordura no fígado.

2.4. Modificações do estilo de vida

- **Atividade física**: O exercício regular pode aumentar os esforços de perda de peso e melhorar a sensibilidade à insulina; procure fazer pelo menos 150 minutos de atividade aeróbica de intensidade moderada por semana, combinada com treino de força.

3. O álcool e o fígado: Implicações dietéticas

3.1. Efeitos do álcool na saúde do fígado

- O consumo crónico de álcool é uma das principais causas de doença hepática, conduzindo a fígado gordo, hepatite alcoólica e cirrose.
- **Mecanismos**: O álcool provoca stress oxidativo, inflamação e perturbação do metabolismo, contribuindo para a lesão hepática.

3.2. Diretrizes para a ingestão de álcool

- **Moderação**: Para aqueles que consomem álcool, as recomendações são tipicamente até uma bebida por dia para as mulheres e até duas bebidas para os homens. No entanto, as pessoas com doenças do fígado devem, idealmente, abster-se de álcool.
- **Compreender as bebidas normais**: Uma bebida normal contém aproximadamente 14 gramas de álcool puro, o equivalente a:
  - 12 onças de cerveja
  - 5 onças de vinho

- 1,5 onças de bebidas espirituosas destiladas.

3.3. Melhorias nutricionais após a redução do consumo de álcool

- Ao reduzir ou eliminar o consumo de álcool, os indivíduos devem concentrar-se em:
  - **Alimentos ricos em nutrientes**: Dê prioridade aos alimentos integrais ricos em vitaminas, minerais e antioxidantes.
  - **Reidratação e equilíbrio de electrólitos**: O álcool pode levar à desidratação; aumentar a ingestão de líquidos e consumir alimentos ricos em electrólitos pode ajudar na recuperação.
  - **Avaliação nutricional regular**: A abstinência de álcool a longo prazo deve ser acompanhada de aconselhamento nutricional contínuo para apoiar a saúde geral e a recuperação da função hepática.

Conclusão

A gestão nutricional desempenha um papel fundamental na gestão das doenças hepáticas, incluindo hepatite, cirrose, doença hepática gorda e doenças hepáticas relacionadas com o álcool. Uma abordagem dietética adaptada, centrada na ingestão adequada de calorias e proteínas, bem como na gestão das gorduras, hidratos de carbono e micronutrientes, pode ajudar a melhorar a saúde e a função hepática. O acompanhamento contínuo por profissionais de saúde, incluindo dietistas, é essencial para otimizar a nutrição e apoiar os indivíduos que vivem com doenças hepáticas.

A gestão nutricional desempenha um papel fundamental na gestão das doenças hepáticas, incluindo hepatite, cirrose, doença hepática gorda e doenças hepáticas relacionadas com o álcool. Uma abordagem dietética adaptada, centrada na ingestão adequada de calorias e proteínas, bem como na gestão das gorduras, hidratos de carbono e micronutrientes, pode ajudar a melhorar a saúde e a função hepática. O acompanhamento contínuo por profissionais de saúde, incluindo dietistas, é essencial para otimizar a nutrição e apoiar os indivíduos que vivem com doenças hepáticas.

Perguntas de escolha múltipla

1. **Qual é uma causa comum de hepatite?**
   - A) Exercício excessivo
   - B) Infecções virais

- C) Consumo elevado de açúcar
- D) Fumar

  Resposta: B) Infecções virais

2. **Que recomendação dietética é normalmente feita para indivíduos com cirrose?**

- A) Consumo elevado de proteínas, independentemente dos sintomas
- B) Restrição de sódio (frequentemente <2.000 mg/dia)
- C) Eliminação dos hidratos de carbono
- D) Aumento do consumo de gorduras saturadas

  Resposta: B) Restrição de sódio (frequentemente <2.000 mg/dia)

3. **Que abordagem dietética é recomendada para gerir a doença hepática gorda não alcoólica (NAFLD)?**

- A) Alto teor de hidratos de carbono e baixo teor de gordura
- B) Dieta de tipo mediterrânico com ênfase nas gorduras monoinsaturadas
- C) Elevado teor de proteínas e baixo teor de fibras
- D) Eliminação completa de todas as gorduras

  Resposta: B) Dieta de estilo mediterrânico com ênfase nas gorduras monoinsaturadas

4. **Qual é a ingestão recomendada de proteínas para indivíduos com cirrose estável?**

- A) 0,6 g/kg de peso corporal
- B) 1,0-1,2 g/kg de peso corporal
- C) 1,2-1,5 g/kg de peso corporal
- D) 2,0 g/kg de peso corporal

  Resposta: B) 1,0-1,2 g/kg de peso corporal

5. **Qual é o efeito do consumo crónico de álcool na saúde do fígado?**

- A) Melhora a função hepática.
- B) Pode provocar fígado gordo e cirrose.
- C) Não tem efeitos significativos no fígado.

- D) Aumenta a absorção de nutrientes.

  Answer: B) Pode provocar fígado gordo e cirrose.

6. **Qual das seguintes bebidas é uma bebida normal que contém aproximadamente 14 gramas de álcool puro?**
   - A) 16 onças de cerveja
   - B) 5 onças de vinho
   - C) 10 onças de bebidas espirituosas destiladas
   - D) 12 onças de refrigerante

     Resposta: B) 5 onças de vinho

Estudo de caso

Estudo de caso: Gestão Nutricional da Sarah

Antecedentes:

Sarah é uma mulher de 50 anos a quem foi diagnosticada uma doença hepática gorda não alcoólica (DHGNA). Tem excesso de peso, um estilo de vida sedentário e tem sentido um ligeiro cansaço. Após o diagnóstico, o seu prestador de cuidados de saúde recomenda modificações na dieta e um aumento da atividade física.

Perguntas:

1. Que alterações dietéticas específicas deve a Sarah implementar para gerir a sua NAFLD?
2. Porque é que a perda de peso é importante para a Sarah e qual é a quantidade recomendada de perda de peso?
3. Que papel desempenha a atividade física na gestão do seu estado de saúde?

Respostas:

1. Sarah deve implementar as seguintes alterações dietéticas:
   - Adotar uma dieta de estilo mediterrânico, centrada em alimentos integrais ricos em gorduras monoinsaturadas (como o azeite), ácidos gordos ómega 3 (do peixe) e muitos frutos e legumes.
   - Limitar as gorduras saturadas e trans, os açúcares refinados e os hidratos de carbono refinados.
   - Procurar uma distribuição equilibrada dos macronutrientes, com ênfase nos hidratos de carbono de baixo índice glicémico.

2. A perda de peso é importante para Sarah porque perder 5-10% do seu peso corporal pode melhorar significativamente a histologia e a função hepática, reduzindo a acumulação de gordura no fígado e diminuindo o risco de progressão para uma doença hepática mais grave.
3. A atividade física desempenha um papel crucial na gestão da sua doença, pois reforça os esforços de perda de peso, melhora a sensibilidade à insulina e promove a saúde em geral. A Sarah deve procurar fazer pelo menos 150 minutos de atividade aeróbica de intensidade moderada por semana, combinada com exercícios de treino de força.

CAPÍTULO DOZE: DIETOTERAPIA PARA O CANCRO E OS CUIDADOS PALIATIVOS

Objectivos de aprendizagem: Dietoterapia para o cancro e cuidados paliativos

1. **Definir o cancro e o seu impacto na nutrição**
2. **Reconhecer o papel da nutrição no tratamento do cancro**
3. **Avaliar as necessidades nutricionais dos doentes com cancro**
4. **Determinar as necessidades calóricas e proteicas**
5. **Implementar intervenções dietéticas para sintomas comuns**
6. **Compreender os princípios dos cuidados paliativos**
7. **Estabelecer objectivos nutricionais nos cuidados paliativos**
8. **Avaliar as necessidades de hidratação nos cuidados paliativos**
9. **Respeitar as preferências culturais e pessoais**
10. **Apoiar debates sobre cuidados no fim da vida**

INTRODUÇÃO

O tratamento do cancro pode ter um impacto significativo no estado nutricional e na saúde em geral. É essencial fornecer intervenções dietéticas adequadas para apoiar os doentes durante o tratamento, gerir os sintomas e melhorar a qualidade de vida, particularmente em contextos de cuidados paliativos. Este capítulo aborda as necessidades nutricionais no tratamento do cancro, as intervenções dietéticas para os sintomas relacionados com o cancro e considerações sobre a nutrição nos cuidados paliativos e em situações de fim de vida.

O cancro é uma doença complexa que não só afecta o organismo, como também tem um impacto significativo no estado nutricional e na qualidade de vida global dos doentes. A viagem através do tratamento do cancro vem muitas vezes acompanhada de uma miríade de desafios, incluindo alterações do apetite, alterações do paladar, náuseas e fadiga. Estes factores podem levar à desnutrição, o que pode comprometer a eficácia do tratamento e dificultar a recuperação. Por conseguinte, uma terapia dietética eficaz torna-se um componente crucial na gestão holística dos doentes com cancro.

No contexto dos **cuidados paliativos**, a tónica passa do tratamento curativo para a melhoria da qualidade de vida das pessoas que enfrentam doenças graves. Os cuidados paliativos dão ênfase ao alívio dos sintomas e apoiam as necessidades físicas, emocionais e espirituais dos doentes e das suas famílias. O apoio nutricional neste contexto é essencial para manter o conforto, gerir os sintomas e assegurar que os doentes recebem uma alimentação adequada de acordo com as suas preferências e necessidades.

A dietoterapia para o cancro e os cuidados paliativos envolve planos de nutrição personalizados que têm em conta o plano de tratamento do indivíduo, os efeitos secundários e as necessidades nutricionais. Isto pode incluir estratégias para gerir os sintomas, aumentar o apetite e fornecer uma alimentação que apoie o bem-estar geral. Ao integrar a dietoterapia nos cuidados oncológicos, podemos dar aos doentes a possibilidade de assumirem um papel ativo na sua saúde, melhorar a sua qualidade de vida e promover uma sensação de controlo durante um período difícil.

Esta exploração da dietoterapia para o cancro e os cuidados paliativos visa realçar a importância da nutrição na gestão dos sintomas relacionados com o cancro, aumentando o conforto do doente e fornecendo recomendações dietéticas práticas adaptadas às necessidades individuais. Através desta compreensão, podemos apoiar melhor os doentes e as suas famílias na sua viagem em direção ao conforto e à dignidade face à doença.

1. Necessidades nutricionais no tratamento do cancro

Compreender o metabolismo do cancro:

- O cancro pode alterar os processos metabólicos, levando a um aumento do dispêndio de energia e a alterações nas necessidades nutricionais. Os doentes podem sofrer de perda de massa muscular (caquexia), o que afecta as suas necessidades nutricionais.
- O apoio nutricional é crucial para ajudar a manter o peso corporal, preservar a massa muscular magra e apoiar o sistema imunitário durante o tratamento.

Avaliação nutricional:

- A avaliação regular do estado nutricional, incluindo alterações de peso, ingestão alimentar e marcadores bioquímicos, é vital para identificar os doentes que necessitam de intervenção.

- Os instrumentos de rastreio (por exemplo, Malnutrition Screening Tool, Subjective Global Assessment) podem ajudar a detetar precocemente a malnutrição.

Necessidades calóricas e proteicas:

- Pode ser necessário um aumento da ingestão calórica para satisfazer as necessidades energéticas mais elevadas. Um dietista registado pode ajudar a determinar as necessidades calóricas individuais.
- A ingestão de proteínas é essencial para a reparação e manutenção dos tecidos; as recomendações variam frequentemente entre 1,0 e 1,5 g/kg de peso corporal, dependendo da fase de tratamento e do estado do doente.

2. Intervenções dietéticas para os sintomas relacionados com o cancro

Os tratamentos contra o cancro, como a quimioterapia e a radiação, podem provocar vários efeitos secundários que afectam a ingestão nutricional. Eis alguns sintomas comuns e intervenções dietéticas:

1. Náuseas e vómitos:

- Sugerir refeições pequenas, frequentes e leves (por exemplo, bolachas, tostas secas) que podem ajudar a reduzir as náuseas.
- Incentivar a ingestão de líquidos claros e de produtos à base de gengibre, que podem ajudar a aliviar os sintomas.

2. Alterações de gosto:

- A alteração da perceção do paladar é comum nos doentes com cancro. Incentive a ingestão de alimentos apelativos e que possam realçar o sabor (por exemplo, limões, ervas aromáticas, especiarias).
- Ofereça uma variedade de texturas e perfis de sabores para incentivar a ingestão.

3. Perda de apetite:

- Sirva alimentos apelativos e ricos em nutrientes e considere a possibilidade de utilizar suplementos ou snacks de alto teor calórico para aumentar a ingestão.
- Incentivar a ingestão de pequenas quantidades ao longo do dia, em vez de refeições maiores.

4. Problemas da boca e da garganta:

- Para os doentes com mucosite ou dor de boca, recomendar alimentos suaves e húmidos que sejam fáceis de engolir (por exemplo, batidos, iogurte, sopas) e evitar alimentos picantes ou ácidos que possam irritar.

5. Prisão de ventre ou diarreia:

- Dependendo do sintoma, os ajustes dietéticos podem incluir o aumento da ingestão de fibras (para a obstipação) ou uma dieta pobre em fibras se houver diarreia. Assegurar uma hidratação adequada em ambos os casos.

3. Cuidados paliativos e nutrição no fim da vida

Visão geral dos cuidados paliativos:

- Os cuidados paliativos centram-se em proporcionar alívio dos sintomas e do stress das doenças graves, melhorando a qualidade de vida dos doentes e das suas famílias. O apoio nutricional é uma parte integrante destes cuidados.

Objectivos nutricionais em cuidados paliativos:

- Dar prioridade à gestão dos sintomas e ao conforto em detrimento de intervenções nutricionais agressivas. O foco pode mudar de cuidados curativos para cuidados de suporte com base nas preferências e objectivos do doente.
- Discutir com os doentes e as famílias os seus desejos relativamente a intervenções e métodos nutricionais (oral, entérica ou parentérica).

Hidratação e suporte nutricional:

- Avaliar o estado de hidratação e oferecer fluidos com base no conforto do doente, compreendendo que as necessidades de fluidos podem mudar drasticamente à medida que a morte se aproxima.
- Se os doentes já não conseguirem ingerir alimentos sólidos, encorajar uma alimentação mole ou líquida, se desejado. A alimentação também pode ser efectuada através de tubos de alimentação entérica, se necessário.

Preferências culturais e pessoais:

- Ser sensível aos antecedentes culturais e às preferências pessoais do indivíduo relativamente à alimentação, permitindo que os doentes façam escolhas que aumentem o seu conforto e dignidade.

Considerações sobre o fim da vida:

- Reconhecer a diminuição natural do apetite e do desejo de comer como parte do processo de morrer. Para muitos doentes, a aceitação dos alimentos e da nutrição pode diminuir.
- Prestar cuidados de apoio, assegurando o conforto e a dignidade, em vez de se centrar na adequação nutricional, estando ao mesmo tempo disponível para discussões sobre nutrição e conforto.

Conclusão

A dietoterapia no tratamento do cancro e nos cuidados paliativos implica uma compreensão abrangente das necessidades nutricionais únicas colocadas pela doença e pelos seus tratamentos. As intervenções dietéticas adequadas podem ajudar a gerir os sintomas relacionados com o cancro, apoiar o estado nutricional durante o tratamento e garantir o conforto nos cuidados em fim de vida. A colaboração com profissionais de saúde pode ajudar a conceber uma abordagem individualizada para satisfazer as necessidades e preferências dos doentes no seu percurso oncológico.

Perguntas de escolha múltipla

1. **Qual é uma alteração metabólica comum associada ao cancro?**
    - A) Diminuição do gasto energético
    - B) Aumento da massa muscular
    - C) Aumento do gasto energético e das necessidades em nutrientes
    - D) Absorção normal de nutrientes

      Resposta: C) Aumento do gasto energético e das necessidades de nutrientes
2. **Porque é que a avaliação nutricional regular é crucial para os doentes com cancro?**
    - A) Aumentar indiscriminadamente a ingestão de calorias
    - B) Identificar precocemente os doentes que necessitam de intervenção
    - C) Eliminar todos os alimentos da dieta

- D) Para garantir que todos os doentes ganham peso
  Resposta: B) Para identificar precocemente os doentes que necessitam de intervenção

3. **Qual é o intervalo de ingestão de proteínas recomendado para os doentes com cancro durante o tratamento?**
   - A) 0,5-1,0 g/kg de peso corporal
   - B) 1,0-1,5 g/kg de peso corporal
   - C) 2,0-2,5 g/kg de peso corporal
   - D) 3,0 g/kg de peso corporal
     Resposta: B) 1,0-1,5 g/kg de peso corporal

4. **Que intervenção dietética é sugerida para gerir as náuseas em doentes com cancro?**
   - A) Refeições grandes e pesadas
   - B) Refeições pequenas, frequentes e leves
   - C) Alimentos ricos em gordura
   - D) Snacks açucarados
     Resposta: B) Refeições pequenas, frequentes e leves

5. **Qual é o principal objetivo da nutrição em cuidados paliativos?**
   - A) Intervenções nutricionais agressivas
   - B) Gestão dos sintomas e conforto
   - C) Nutrição parentérica total (NPT) para todos os doentes
   - D) Contagem rigorosa de calorias
     Resposta: B) Controlo dos sintomas e conforto

6. **Como deve ser gerida a hidratação nos cuidados em fim de vida?**
   - A) Os fluidos devem ser forçados independentemente do conforto do doente
   - B) As necessidades de hidratação devem ser avaliadas com base no conforto do doente
   - C) Todos os doentes devem receber fluidos intravenosos

- D) Os fluidos devem ser totalmente retidos

  Answer: B) As necessidades de hidratação devem ser avaliadas com base no conforto do doente

Estudo de caso

Estudo de caso: O percurso de Maria no tratamento do cancro

Antecedentes:

Maria é uma mulher de 60 anos que está a fazer quimioterapia para um cancro da mama. Tem tido náuseas significativas, alterações do paladar e uma diminuição do apetite. Depois de discutir os sintomas com a sua equipa de cuidados de saúde, esta encaminha-a para um dietista registado para obter apoio nutricional.

Perguntas:

1. Que estratégias alimentares deve o dietista recomendar para ajudar a gerir as náuseas da Maria?
2. Como é que o dietista pode lidar com a alteração da perceção do sabor da Maria?
3. Quais são os objectivos nutricionais a que deve ser dada prioridade no caso da Maria?

Respostas:

1. Para controlar as náuseas da Maria, o dietista deve recomendar
    - Refeições pequenas e frequentes que sejam leves e fáceis de digerir (por exemplo, bolachas, tostas secas).
    - Líquidos claros e produtos à base de gengibre, que podem ajudar a aliviar as náuseas.
    - Evitar odores fortes e alimentos picantes que podem provocar náuseas.
2. Para lidar com a perceção alterada do sabor da Maria, o dietista pode sugerir:
    - Oferecer uma variedade de alimentos com diferentes texturas e perfis de sabor para aumentar a atração.
    - Incorporar alimentos que possam melhorar o sabor, como citrinos (por exemplo, limões) e ervas frescas.
    - Incentivar a utilização de marinadas ou misturas de temperos que sejam saborosas mas não demasiado fortes.

3. Os objectivos nutricionais para Maria devem incluir:

   - Manter uma ingestão calórica adequada para evitar a perda de peso e satisfazer as necessidades energéticas.
   - Assegurar uma ingestão suficiente de proteínas para apoiar a reparação dos tecidos e manter a massa muscular.
   - Gerir eficazmente os sintomas para melhorar a sua qualidade de vida global durante o tratamento.

CAPÍTULO TREZE: DIETAS TERAPÊUTICAS PARA MULHERES GRÁVIDAS E LACTANTES.

Objectivos de aprendizagem: Nutrição durante a Gravidez e a Lactação

1. **Definir as necessidades nutricionais durante a gravidez e a lactação**
2. **Identificar os principais nutrientes essenciais para a saúde materna e fetal**
3. **Avaliar modificações dietéticas para a gravidez**
4. **Implementar estratégias nutricionais para a lactação**
5. **Compreender as dietas terapêuticas para as complicações da gravidez**
6. **Aplicar técnicas de controlo de hidratos de carbono a mulheres grávidas com diabetes**
7. **Promover uma alimentação saudável para o coração durante a gravidez**
8. **Educar sobre a importância de uma dieta sem glúten na doença celíaca**
9. **Desenvolver recomendações dietéticas favoráveis à DRGE**
10. **Capacitar as mulheres com conhecimentos nutricionais**

Apresentações

A gravidez e a lactação são períodos críticos na vida de uma mulher, marcados por alterações fisiológicas significativas que exigem necessidades nutricionais acrescidas. Durante estes períodos, uma dieta equilibrada é essencial não só para a saúde da mãe, mas também para o crescimento e desenvolvimento óptimos do feto e do bebé. As dietas terapêuticas concebidas para mulheres grávidas e lactantes centram-se no fornecimento dos nutrientes necessários para apoiar estas alterações, assegurando a saúde materna e infantil.

Uma mulher grávida necessita de calorias, proteínas, vitaminas e minerais adicionais para apoiar o bebé em desenvolvimento. Nutrientes essenciais como o ácido fólico, o ferro, o cálcio e os ácidos gordos ómega 3 desempenham papéis vitais na prevenção de complicações e na promoção de um desenvolvimento fetal saudável. Do mesmo modo, as mulheres lactantes precisam de manter uma dieta rica em nutrientes para garantir que o leite materno é suficiente e de alta qualidade, fornecendo nutrientes essenciais ao recém-nascido.

É fundamental compreender a importância de abordagens dietéticas adaptadas durante a gravidez e o aleitamento. As dietas terapêuticas podem ajudar a resolver problemas de saúde específicos, como a diabetes gestacional, a hipertensão e a anemia, ao mesmo tempo que promovem um aumento de peso saudável e o bem-estar geral. Ao concentrarem-se em alimentos ricos em nutrientes e em práticas alimentares conscientes, as mulheres podem não só melhorar a sua própria saúde, mas também estabelecer as bases para as futuras necessidades nutricionais dos seus filhos.

Necessidades nutricionais durante a gravidez:

- A gravidez aumenta significativamente as necessidades de nutrientes para apoiar o crescimento e o desenvolvimento do feto.

3.1 Principais considerações nutricionais:

- **Ácido fólico**: A ingestão adequada de ácido fólico antes e durante a gravidez é essencial para reduzir o risco de defeitos do tubo neural.
- **Ferro e cálcio**: As necessidades acrescidas de ferro (para prevenir a anemia) e cálcio (para o desenvolvimento ósseo do feto) devem ser satisfeitas através de fontes alimentares ou suplementos.

3.2 Nutrição em lactação:

- As mães necessitam de calorias, proteínas e hidratação adicionais enquanto amamentam para apoiar a produção de leite e a saúde em geral.
- Uma dieta bem equilibrada, rica em alimentos integrais, pode ajudar a garantir que tanto a mãe como o bebé recebem nutrientes adequados.

4. Dietas terapêuticas para pessoas com problemas de saúde específicos

4.1 Diabetes:

- Concentrar-se no controlo dos níveis de glicose no sangue:
    - **Controlo de hidratos de carbono**: Utilizar métodos como a contagem de hidratos de carbono, o controlo das porções e a escolha de alimentos com baixo índice glicémico.
    - **Refeições equilibradas**: Incorporar uma variedade de alimentos e controlar a ingestão de gorduras e proteínas.

4.2 Hipertensão:

- **Dieta DASH**: Dá ênfase a frutas, legumes, cereais integrais, proteínas magras e produtos lácteos com baixo teor de gordura, reduzindo a ingestão de sódio para ajudar a baixar a pressão arterial.

4.3 Doença cardíaca:

- **Dieta saudável para o coração**: Incorporar alimentos ricos em ácidos gordos ómega 3 (por exemplo, peixe), limitar as gorduras saturadas e trans e privilegiar os cereais integrais, os frutos secos e as leguminosas.

4.4 Doença celíaca:

- **Dieta sem glúten**: Eliminação completa dos cereais que contêm glúten (trigo, cevada, centeio), assegurando simultaneamente uma ingestão equilibrada de cereais sem glúten ricos em nutrientes (por exemplo, arroz, quinoa, painço).

4.5 Doença do refluxo gastroesofágico (DRGE):

- **Dieta compatível com a DRGE**: Evitar alimentos e bebidas que desencadeiam os sintomas (por exemplo, alimentos picantes, cafeína, álcool) e encorajar refeições mais pequenas e mais frequentes para reduzir o refluxo.

Conclusão

As dietas terapêuticas para populações especiais desempenham um papel fundamental na gestão de várias condições de saúde, promovendo uma nutrição óptima e melhorando a saúde e o bem-estar geral. O reconhecimento das necessidades específicas de cada população pode permitir que os prestadores de cuidados de saúde, dietistas e prestadores de cuidados desenvolvam estratégias dietéticas adaptadas que apoiem a saúde e melhorem a qualidade de vida. Os esforços de colaboração entre os profissionais de saúde, os doentes e as famílias são essenciais para garantir a implementação efectiva e a adesão às recomendações dietéticas terapêuticas.

CAPÍTULO CATORZE: DIETOTERAPIA NA GRAVIDEZ E NO ALEITAMENTO

Introdução

A gestão da alimentação durante a gravidez e a lactação é crucial para a saúde da mãe e do bebé em desenvolvimento. Este capítulo descreve as necessidades nutricionais durante a gravidez, as recomendações dietéticas para o controlo da diabetes gestacional e a importância da nutrição durante a amamentação e o aleitamento.

A nutrição desempenha um papel fundamental durante a gravidez e a lactação, servindo de base para a saúde e o bem-estar da mãe e do bebé. Estas fases da vida são caracterizadas por exigências fisiológicas acrescidas que requerem uma atenção cuidada às escolhas alimentares. A dietoterapia centra-se na satisfação destas necessidades nutricionais acrescidas, ao mesmo tempo que aborda potenciais problemas de saúde que possam surgir.

Durante a gravidez, o corpo da mulher sofre alterações significativas que requerem um aumento de nutrientes vitais, incluindo ácido fólico, ferro, cálcio e ácidos gordos essenciais. Estes nutrientes são cruciais para o desenvolvimento fetal, apoiando tudo, desde a formação do tubo neural até à saúde dos ossos. Uma dieta bem planeada não só ajuda a gerir problemas comuns relacionados com a gravidez, como náuseas e diabetes gestacional, mas também promove um aumento de peso ideal e prepara o corpo para o parto.

Na fase pós-parto, as mulheres lactantes enfrentam a tarefa de fornecer leite materno de alta qualidade que satisfaça as necessidades nutricionais dos seus bebés em crescimento. Este período exige uma ênfase na hidratação, ingestão calórica e densidade de nutrientes para garantir a recuperação materna e a saúde do bebé. Uma terapia dietética adequada durante a lactação também pode ajudar a gerir os desafios da amamentação e apoiar o bem-estar geral da mãe.

1. Necessidades nutricionais durante a gravidez

1.1 Aumento das necessidades calóricas e de nutrientes:

- A gravidez aumenta significativamente as necessidades energéticas e nutricionais para apoiar o crescimento do feto e a saúde materna.
- Geralmente, recomenda-se um acréscimo de 340-450 calorias por dia durante o segundo e terceiro trimestres.

1.2 Nutrientes essenciais e recomendações:

- **Proteínas**: As mulheres grávidas devem ter como objetivo 71 gramas de proteínas por dia, promovendo o crescimento dos tecidos e apoiando o desenvolvimento do feto.
- **Ácido fólico**: O aumento da ingestão é vital para prevenir defeitos do tubo neural; a ingestão diária recomendada é de 600 mcg de equivalentes de folato dietético (DFE).
- **Ferro**: Devido ao aumento do volume sanguíneo e às necessidades do feto, as mulheres grávidas necessitam de 27 mg de ferro por dia. Devem ser privilegiados os alimentos ricos em ferro (por exemplo, carnes magras, feijão, cereais fortificados) e os alimentos ricos em vitamina C para melhorar a absorção.
- **Cálcio**: Essencial para o desenvolvimento ósseo do feto; o objetivo é obter 1000 mg por dia. As fontes incluem produtos lácteos, leite vegetal fortificado, folhas verdes e tofu.
- **DHA (ácido docosahexaenóico)**: Essencial para o desenvolvimento do cérebro do feto; o objetivo é obter pelo menos 200 mg de DHA por dia. As fontes incluem peixes gordos (por exemplo, salmão, sardinhas) e alimentos enriquecidos com DHA.

1.3 Hidratação:

- É essencial uma hidratação adequada, uma vez que as necessidades de líquidos aumentam durante a gravidez. As mulheres grávidas devem procurar ingerir pelo menos 8-10 chávenas (2-2,5 litros) de líquidos por dia.

1.4 Diversidade alimentar:

- Incentivar uma dieta equilibrada rica em frutas, legumes, cereais integrais, proteínas magras e gorduras saudáveis para garantir que todas as necessidades de nutrientes são satisfeitas.

2. Recomendações dietéticas para a diabetes gestacional

2.1 Compreender a diabetes gestacional:

- A diabetes mellitus gestacional (DMG) é uma intolerância à glucose que ocorre durante a gravidez. A gestão dos níveis de açúcar no sangue através da dieta é crucial para a saúde da mãe e do bebé.

2.2 Objectivos nutricionais:

- **Controlo do açúcar no sangue**: Concentrar-se em manter os níveis de glucose no sangue estáveis ao longo do dia.
- **Controlo do peso**: Dependendo do peso antes da gravidez, o aumento de peso deve ser monitorizado para promover resultados saudáveis (tipicamente 15-25 libras para quem tem DMG).

2.3 Recomendações dietéticas:

- **Gestão dos hidratos de carbono**: Distribuir a ingestão de hidratos de carbono uniformemente ao longo do dia. Procurar hidratos de carbono complexos com um índice glicémico baixo (por exemplo, cereais integrais, legumes, vegetais) e limitar os açúcares simples.
- **Refeições equilibradas**: Incluir proteínas e gorduras saudáveis em cada refeição para ajudar a moderar os picos de açúcar no sangue.
- **Monitorização**: A monitorização regular da glucose no sangue deve ser mantida para compreender o impacto dos alimentos nos níveis de açúcar no sangue.

2.4 Planeamento das refeições:

- **Refeições regulares e mais pequenas**: Incentivar refeições pequenas e frequentes para evitar grandes flutuações do açúcar no sangue.
- **Limitar os alimentos e bebidas açucarados**: Reduzir a ingestão de doces, bebidas açucaradas e alimentos processados com elevado teor de gordura.

3. Nutrição e apoio ao aleitamento materno

3.1 Necessidades nutricionais durante a lactação:

- As mulheres lactantes têm necessidades acrescidas de calorias e nutrientes para apoiar a produção de leite. Recomenda-se geralmente um acréscimo de 400-500 calorias por dia durante os primeiros seis meses pós-parto.

3.2 Nutrientes essenciais para as mulheres lactantes:

- **Proteína**: Aumentar a ingestão de proteínas para cerca de 71 gramas por dia para apoiar a produção de leite e a saúde materna.
- **Cálcio**: A ingestão recomendada é de 1.000 mg por dia. As fontes incluem produtos lácteos, alternativas fortificadas à base de plantas e folhas verdes.

- **Líquidos**: A hidratação é crucial; procure obter pelo menos 3,1 litros (cerca de 13 chávenas) de líquidos diariamente para apoiar a produção de leite.
- **Vitamina D**: Assegurar uma ingestão suficiente de vitamina D, tanto para a saúde materna como para passar para o leite materno; considerar um suplemento, se necessário (a recomendação é de 600 UI por dia).

3.3 Apoiar o aleitamento materno:

- **Educação e apoio**: Fornecer educação sobre técnicas de amamentação e os benefícios da amamentação tanto para os bebés como para as mães.
- **Evitar certas substâncias**: Desencorajar o consumo de álcool e limitar a ingestão de cafeína, uma vez que podem afetar o fornecimento e a qualidade do leite.

3.4 Estratégias nutricionais:

- **Dieta equilibrada**: Assegurar uma dieta variada rica em alimentos integrais, tais como frutas, legumes, cereais integrais, proteínas magras e gorduras saudáveis para satisfazer as necessidades de nutrientes.
- **Lanche**: Incentivar os lanches saudáveis (por exemplo, nozes, iogurte, bolachas integrais) para manter os níveis de energia.

Conclusão

A dietoterapia durante a gravidez e a lactação é crucial para garantir a saúde da mãe e do bebé. A compreensão e a abordagem das necessidades nutricionais específicas durante estas fases, a gestão de doenças como a diabetes gestacional e a promoção de práticas de amamentação saudáveis podem melhorar o bem-estar materno e o crescimento do bebé. A colaboração entre profissionais de saúde, dietistas e famílias é essencial para apoiar as mães a fazerem escolhas alimentares informadas durante a gravidez e a lactação.

Perguntas de escolha múltipla

Pergunta 1: Qual é a ingestão calórica adicional recomendada durante o segundo e terceiro trimestres de gravidez?

A) 200-300 calorias

B) 340-450 calorias

C) 500-600 calorias

D) 600-800 calorias

Resposta: B) 340-450 calorias

Questão 2: Qual é a dose diária recomendada de ácido fólico para as mulheres grávidas?

A) 400 mcg

B) 600 mcg

C) 800 mcg

D) 1000 mcg

Resposta: B) 600 mcg

Pergunta 3: Qual dos seguintes é um nutriente essencial a que as mulheres grávidas se devem dedicar para prevenir a anemia por deficiência de ferro?

A) Vitamina D

B) Cálcio

C) Ferro

D) Fibra

Responda: C) Ferro

Pergunta 4: Ao gerir a diabetes gestacional, qual das seguintes é uma estratégia dietética recomendada?

A) Consumir alimentos de elevado índice glicémico

B) Fazer grandes refeições com pouca frequência

C) Distribuir uniformemente a ingestão de hidratos de carbono ao longo do dia

D) Saltar refeições para controlar a ingestão de calorias

Responder: C) Distribuir a ingestão de hidratos de carbono uniformemente ao longo do dia

Pergunta 5: Qual é o objetivo da ingestão diária de líquidos para as mulheres lactantes?

A) 8 chávenas

B) 10 chávenas

C) 13 chávenas

D) 15 chávenas

Resposta: C) 13 chávenas

Estudo de caso

Estudo de caso: A viagem de gravidez da Sarah

Sarah é uma mulher de 28 anos que está atualmente no segundo trimestre de gravidez. Trabalha como professora e é ativa na sua comunidade. Sarah está ansiosa por garantir a melhor base nutricional para o seu bebé em crescimento. Durante o seu último check-up, o médico aconselhou-a a aumentar a ingestão de proteínas e a ter cuidado com as suas escolhas de hidratos de carbono devido ao seu historial familiar de diabetes gestacional.

1. **Avaliação do regime alimentar:**
   - A Sarah diz ter uma dieta equilibrada, mas sente que não está a consumir proteínas suficientes. Os seus hábitos alimentares actuais incluem cereais ao pequeno-almoço, sandes ao almoço e jantares variados com a família.
2. **Perguntas:**

   a. Que alterações deve Sarah fazer na sua dieta para aumentar a ingestão de proteínas?
   b. Como pode Sarah gerir a ingestão de hidratos de carbono para evitar o risco de diabetes gestacional?

Respostas:

a. **Aumentar a ingestão de proteínas:**

- A Sarah pode incluir mais alimentos ricos em proteínas na sua dieta, como ovos, iogurte grego, leguminosas (como lentilhas e grão-de-bico), carnes magras (frango, peru), peixe (especialmente opções com baixo teor de mercúrio), frutos secos e sementes.

b. **Gerir a ingestão de hidratos de carbono:**

- Para gerir a sua ingestão de hidratos de carbono, a Sarah deve concentrar-se no consumo de hidratos de carbono complexos com baixo índice glicémico, como os cereais integrais (arroz integral, quinoa, pão integral), os legumes e as leguminosas. Seria benéfico para ela distribuir a ingestão de hidratos de carbono ao longo do dia, fazendo refeições mais pequenas e mais frequentes em vez de refeições grandes. A monitorização regular dos níveis de açúcar no sangue ajudá-la-á a compreender o impacto das suas escolhas alimentares.

CAPÍTULO QUINZE: DIETOTERAPIA PARA A POPULAÇÃO PEDIÁTRICA

Introdução

As necessidades nutricionais dos bebés e das crianças são únicas e cruciais para o seu crescimento, desenvolvimento e saúde em geral. Compreender estas necessidades, reconhecer as intervenções dietéticas para doenças pediátricas comuns e abordar as dificuldades de alimentação são essenciais para promover uma nutrição óptima nas populações pediátricas. Este capítulo abordará as necessidades nutricionais no bebé e na infância, as intervenções dietéticas para doenças pediátricas específicas e as estratégias para gerir as dificuldades de alimentação e a malnutrição.

A nutrição é uma pedra angular da saúde e do desenvolvimento durante a infância, um período crítico marcado por um rápido crescimento e desenvolvimento. A dietoterapia para populações pediátricas centra-se em garantir que as crianças recebem os nutrientes essenciais necessários para apoiar o seu crescimento físico, cognitivo e emocional. Adaptar as abordagens dietéticas para satisfazer as necessidades específicas dos bebés, crianças e adolescentes é crucial para promover uma saúde óptima e prevenir problemas de saúde futuros.

Durante os primeiros anos de vida, uma nutrição adequada é vital para o desenvolvimento do cérebro, a função imunitária e o estabelecimento de hábitos alimentares saudáveis que podem durar toda a vida. À medida que as crianças passam por várias fases de crescimento, as suas necessidades nutricionais evoluem, necessitando de um plano alimentar flexível e reativo. Quer se trate de preocupações comuns como a obesidade, alergias ou deficiências de nutrientes, uma terapia dietética eficaz tem como objetivo fornecer refeições equilibradas que promovam o bem-estar geral.

Para além disso, o papel dos pais e dos prestadores de cuidados na formação dos hábitos alimentares de uma criança não pode ser subestimado. Educar as famílias sobre as escolhas alimentares saudáveis, o tamanho das porções e a importância de uma dieta diversificada pode capacitá-las a tomar decisões informadas que contribuam para a saúde dos seus filhos. Ao integrar alimentos culturalmente apropriados e ao considerar as preferências individuais, a dietoterapia pode tornar-se uma prática sustentável que apoia a saúde ao longo da vida.

1. Necessidades nutricionais na infância

1.1 Infância (0-12 meses):

- **Aleitamento materno**: A Academia Americana de Pediatria recomenda o aleitamento materno exclusivo durante os primeiros seis meses. O leite materno proporciona uma óptima nutrição, anticorpos e promove a criação de laços.
- **Fórmula de alimentação**: Se não for possível amamentar, a fórmula infantil enriquecida com ferro é uma alternativa adequada. A fórmula não deve ser diluída ou alterada.

1.2 Introdução dos alimentos sólidos:

- **Calendário**: Começar a introduzir alimentos sólidos por volta dos 6 meses, continuando a amamentar ou a dar leite em pó.
- **Primeiros alimentos**: Comece com alimentos de um só ingrediente, como puré de fruta, legumes e cereais enriquecidos com ferro. Introduza gradualmente uma variedade de texturas e sabores.

1.3 Infância (1-12 anos):

- **Necessidades calóricas e nutricionais**: À medida que as crianças crescem, as suas necessidades energéticas e nutricionais aumentam. As necessidades calóricas variam consoante a idade, o sexo e o nível de atividade física.
    - **Crianças pequenas (1-3 anos)**: Aproximadamente 1.000-1.400 calorias/dia.
    - **Crianças em idade pré-escolar (4-5 anos)**: Aproximadamente 1.200-1.800 calorias/dia.
    - **Idade escolar (6-12 anos)**: Aproximadamente 1.400-2.200 calorias/dia.

1.4 Nutrientes essenciais:

- **Proteínas**: Essencial para o crescimento e o desenvolvimento; as necessidades aumentam com a idade. A ingestão recomendada é de cerca de 1,1 gramas por quilograma de peso corporal para os bebés e de 0,95 g/kg para as crianças mais velhas.
- **Gorduras**: As gorduras saudáveis são cruciais para o desenvolvimento do cérebro. Incorpore fontes como abacates, nozes, sementes e peixes gordos.
- **Vitaminas e minerais**: Os nutrientes importantes incluem o cálcio (para o desenvolvimento dos ossos), o ferro (para prevenir a anemia) e a vitamina D (para um crescimento saudável dos ossos).

1.5 Hidratação:

- Assegurar a ingestão adequada de líquidos, com ênfase na água e limitando as bebidas açucaradas. Os bebés devem receber leite materno ou fórmula, enquanto as crianças mais velhas podem beber água e bebidas fortificadas.

2. Intervenções dietéticas para doenças pediátricas

2.1 Obesidade pediátrica:

- **Dieta equilibrada**: Incentivar uma dieta rica em frutos, legumes, cereais integrais, proteínas magras e gorduras saudáveis, reduzindo simultaneamente a ingestão de açúcares adicionados e de alimentos com elevado teor calórico e baixo teor de nutrientes.
- **Atividade física**: Promover a atividade física regular para apoiar a gestão saudável do peso.

2.2 Alergias alimentares:

- **Dietas de eliminação**: Identificar e eliminar alimentos alergénicos através de testes supervisionados e monitorização cuidadosa, garantindo a adequação nutricional através de alternativas seguras.
- **Ler os rótulos**: Educar as famílias sobre como ler os rótulos dos alimentos para evitar alergénios ocultos.

2.3 Gestão nutricional das doenças:

- **TDAH**: Algumas crianças podem beneficiar de uma dieta equilibrada rica em ácidos gordos ómega 3, cereais integrais, frutas e legumes, limitando os alimentos processados e os aditivos.
- **Doença celíaca**: Implementar uma dieta rigorosa sem glúten, garantindo a ingestão adequada de cereais, frutas, legumes e fontes de proteína sem glúten.

2.4 Prisão de ventre:

- **Dieta rica em fibras**: Incentivar a ingestão de alimentos ricos em fibras (frutas, legumes, cereais integrais) e o consumo adequado de líquidos para promover movimentos intestinais regulares.

3. Dificuldades de alimentação e malnutrição

3.1 Dificuldades de alimentação:

- **Alimentação exigente**: Muitas crianças passam por fases de aversão à comida. As estratégias incluem:
    - **Ambiente positivo**: Criar uma experiência positiva à hora das refeições sem pressões.
    - **Comportamento exemplar**: Os pais devem ser modelos de hábitos alimentares saudáveis e encorajar a experimentação de novos alimentos sem forçar.
- **Recusa de alimentos**: Utilizar métodos criativos para introduzir novos alimentos, como combiná-los com os favoritos conhecidos ou fornecê-los em diferentes texturas e formas.

3.2 Malnutrição:

- **Identificação**: Monitorizar o crescimento utilizando gráficos de crescimento para identificar precocemente a subnutrição ou a obesidade. Os sinais incluem ganho de peso reduzido, letargia e atrasos no desenvolvimento.

3.3 Apoio nutricional:

- **Suplementação**: Em casos de desnutrição significativa ou de carências específicas de nutrientes, considerar a toma de suplementos alimentares sob a orientação de um profissional de saúde.
- **Planos individualizados**: Trabalhar com um dietista registado para criar planos de refeições personalizados que respondam às necessidades e preferências nutricionais individuais.

3.4 Recursos comunitários:

- Envolver-se com programas comunitários que fornecem apoio nutricional, tais como programas de assistência alimentar ou iniciativas locais de saúde, para promover a segurança alimentar entre as famílias.

Conclusão

A dietoterapia para populações pediátricas é essencial para o crescimento e desenvolvimento saudáveis de bebés e crianças. Compreender as suas necessidades nutricionais específicas e abordar as condições pediátricas comuns através de intervenções dietéticas pode ajudar a promover uma saúde óptima. Além disso, o reconhecimento das dificuldades de alimentação e a implementação de estratégias para prevenir a malnutrição são componentes vitais de uma gestão eficaz da nutrição pediátrica. A colaboração com os prestadores de cuidados de saúde, dietistas e famílias é crucial para promover um ambiente positivo para a saúde nutricional das crianças.

Perguntas de escolha múltipla

Pergunta 1: Qual é o método de alimentação recomendado para os bebés durante os primeiros seis meses de vida?

A) Alimentação exclusivamente com fórmula

B) Alimentos sólidos

C) Aleitamento materno exclusivo

D) Combinação de aleitamento materno e fórmula

Responder: C) Aleitamento materno exclusivo

Questão 2: Quando é que os alimentos sólidos devem começar a ser introduzidos na dieta de um bebé?

A) À nascença

B) 2 meses

C) 4 meses

D) Cerca de 6 meses

Responder: D) Cerca de 6 meses

Pergunta 3: Qual é a necessidade calórica diária aproximada para crianças pequenas (1-3 anos)?

A) 800-1.000 calorias

B) 1.000-1.400 calorias

C) 1.400-1.800 calorias

D) 1.800-2.200 calorias

Responde: B) 1.000-1.400 calorias

Questão 4: Qual das seguintes fontes de alimentos é recomendada para gorduras saudáveis na dieta das crianças?

A) Snacks transformados

B) Abacates

C) Cereais açucarados

D) Bebidas açucaradas

Resposta: B) Abacates

Questão 5: Que estratégia alimentar é eficaz para controlar a obesidade pediátrica?

A) Aumentar a ingestão de alimentos processados

B) Concentrar-se em alimentos com elevado teor calórico e baixo teor de nutrientes

C) Incentivar a fruta, os legumes e a atividade física

D) Reduzir totalmente as gorduras

Responder: C) Incentivar a fruta, os legumes e a atividade física

Estudo de caso

Estudo de caso: A jornada dietética de David

David é um rapaz de 5 anos a quem foi recentemente diagnosticada PHDA. Os seus pais referem que ele tem frequentemente dificuldade em concentrar-se e parece distrair-se facilmente durante as refeições. Estão preocupados com os seus hábitos alimentares, pois ele tende a preferir snacks açucarados e fast food a opções mais saudáveis.

1. **Avaliação do regime alimentar:**
   - David gosta de doces, batatas fritas e cereais açucarados e tem relutância em experimentar legumes e cereais integrais. Os pais querem melhorar a sua alimentação para o ajudar a concentrar-se e a melhorar a sua saúde geral.
2. **Perguntas:**

   a. Que alterações alimentares podem os pais do David fazer para apoiar a sua saúde e gerir os seus sintomas de PHDA?
   b. Que estratégias podem utilizar para o encorajar a comer alimentos mais saudáveis?

Respostas:

a. **Alterações na dieta:**

- Os pais do David podem introduzir uma dieta equilibrada rica em ácidos gordos ómega 3 (encontrados em peixes gordos como o salmão), cereais integrais, fruta fresca e legumes, limitando os alimentos processados e os açúcares adicionados. A incorporação de alimentos como frutos secos, sementes e legumes também pode ajudar a melhorar a ingestão de nutrientes.

b. **Estratégias para incentivar uma alimentação saudável:**

- Para incentivar hábitos alimentares mais saudáveis, os pais do David devem criar um ambiente positivo à hora das refeições, tornando-as agradáveis e sem stress. Podem envolvê-lo na preparação das refeições e deixá-lo escolher os legumes que quer experimentar. O facto de serem eles próprios a dar o exemplo de comportamentos alimentares saudáveis e de introduzirem gradualmente novos alimentos juntamente com os seus favoritos pode ajudar o David a sentir-se mais confortável com as diversas opções alimentares.

Perguntas diretas

1. **Quais são as principais necessidades nutricionais dos bebés no primeiro ano de vida?**
   - Os bebés necessitam de uma nutrição óptima, principalmente através do leite materno ou de fórmulas infantis enriquecidas com ferro. Os principais nutrientes incluem proteínas, gorduras, vitaminas e minerais essenciais para o seu crescimento e desenvolvimento cerebral.
2. **A partir de que idade é recomendável começar a introduzir alimentos sólidos a um bebé?**
   - Os alimentos sólidos devem ser introduzidos por volta dos 6 meses de idade, continuando a amamentação ou a alimentação artificial.
3. **Qual é a importância da hidratação nas crianças e como deve ser gerida?**
   - Uma hidratação adequada é crucial para manter a saúde geral e apoiar as funções fisiológicas. Nas crianças mais velhas, é importante dar prioridade à ingestão de água em vez de bebidas açucaradas e fornecer leite materno ou fórmula aos bebés.
4. **Como é que os pais podem identificar sinais de malnutrição nas crianças?**
   - Os pais podem monitorizar o crescimento dos seus filhos utilizando gráficos de crescimento e procurar sinais como um fraco aumento de peso, letargia, atrasos no desenvolvimento e deficiências de nutrientes específicos.
5. **Que papel desempenham os recursos comunitários no apoio à nutrição pediátrica?**
   - Os recursos comunitários, tais como programas de assistência alimentar e iniciativas de saúde, podem fornecer apoio e acesso a alimentos

nutritivos, ajudar a resolver questões de segurança alimentar e oferecer recursos educativos às famílias para promoverem uma nutrição óptima para os seus filhos.

CAPÍTULO DEZASSEIS: DIETOTERAPIA PARA IDOSOS

Introdução

À medida que os indivíduos envelhecem, as suas necessidades nutricionais e preocupações com a saúde evoluem. Uma nutrição adequada é vital para manter a saúde, gerir as doenças crónicas e prevenir a desnutrição nos idosos. Este capítulo discute as necessidades e preocupações nutricionais no envelhecimento, as modificações dietéticas para doenças crónicas e as estratégias de apoio nutricional e prevenção da desnutrição.

À medida que os indivíduos envelhecem, as suas necessidades nutricionais e requisitos dietéticos sofrem alterações significativas devido a factores fisiológicos, metabólicos e de estilo de vida. A dietoterapia para adultos mais velhos é essencial para promover a saúde, melhorar a qualidade de vida e prevenir doenças relacionadas com a idade. Compreender estes desafios nutricionais únicos é crucial para desenvolver estratégias dietéticas eficazes que apoiem um envelhecimento ótimo.

Os adultos mais velhos enfrentam frequentemente problemas como a diminuição do apetite, alterações do paladar e do olfato e problemas de saúde que podem complicar a nutrição, incluindo a diabetes, a hipertensão e a osteoporose. Consequentemente, as intervenções dietéticas devem centrar-se em alimentos ricos em nutrientes que forneçam vitaminas e minerais essenciais sem calorias excessivas. Os nutrientes essenciais, como o cálcio, a vitamina D, as proteínas e as fibras, desempenham um papel fundamental na manutenção da saúde óssea, da massa muscular e da função digestiva.

Além disso, os factores sociais, como o isolamento e a mobilidade limitada, podem ter impacto nas escolhas alimentares e no acesso a refeições nutritivas. Por conseguinte, a abordagem destas barreiras através de uma terapia dietética personalizada pode promover melhores hábitos alimentares e incentivar a independência dos idosos. A educação desta população sobre alimentação saudável, planeamento de refeições e técnicas de cozinha promove uma abordagem proactiva da nutrição.

1. Necessidades nutricionais e preocupações no envelhecimento

1.1 Alterações nas necessidades nutricionais:

- **Necessidades calóricas**: À medida que os indivíduos envelhecem, a taxa metabólica basal diminui, levando frequentemente a uma redução das necessidades calóricas. Os adultos mais velhos podem necessitar de menos calorias, mas continuam a precisar de alimentos ricos em nutrientes para satisfazer as suas necessidades nutricionais.

- **Macronutrientes**:
  - **Proteína**: O aumento da ingestão de proteínas é essencial para preservar a massa muscular e a saúde em geral. As recomendações sugerem cerca de 1,0 a 1,2 gramas de proteína por quilograma de peso corporal.
  - **Hidratos de carbono**: Concentre-se nos hidratos de carbono complexos (cereais integrais, frutas e legumes) para obter energia e fibras alimentares para promover a saúde digestiva.
  - **Gorduras**: As gorduras saudáveis (ómega 3 e gorduras monoinsaturadas) devem ser incluídas para apoiar a saúde cardiovascular e a função cerebral.

1.2 Micronutrientes essenciais:

- **Cálcio e vitamina D**: importantes para a saúde óssea; os adultos mais velhos devem ter como objetivo 1.200 mg de cálcio e 800-1.000 UI de vitamina D diariamente para prevenir a osteoporose.
- **Vitamina B12**: A absorção pode diminuir com a idade; os adultos mais velhos devem assegurar uma ingestão adequada através de alimentos fortificados ou suplementos (2,4 mcg/dia).
- **Fibra**: Promove a saúde digestiva; o objetivo é obter 25-30 gramas de fibra alimentar por dia.
- **Hidratação**: Os adultos mais velhos podem ter uma sensação de sede diminuída; é crucial encorajar a ingestão regular de líquidos (8-10 chávenas/dia) para evitar a desidratação.

1.3 Preocupações nutricionais comuns:

- **Desnutrição**: O reconhecimento de sinais de desnutrição, como perda de peso, diminuição do apetite e declínio funcional, é essencial para uma intervenção precoce.
- **Incapacidade funcional**: Condições como a artrite podem dificultar a preparação de alimentos, pelo que é importante fornecer recursos para facilitar a preparação de refeições ou serviços de entrega.

- **Alterações sensoriais**: As alterações do paladar e do olfato podem afetar o apetite; a utilização de ervas aromáticas e especiarias pode realçar os sabores e incentivar a alimentação.

2. Modificações do regime alimentar para doenças crónicas

2.1 Doença cardíaca:

- **Dieta saudável para o coração**: Dê ênfase a frutas, legumes, cereais integrais, proteínas magras e gorduras saudáveis (como o azeite), limitando as gorduras saturadas, as gorduras trans, o colesterol e o sódio.
- **Dieta DASH**: Considere a dieta DASH (Dietary Approaches to Stop Hypertension) para controlar a tensão arterial.

2.2 Diabetes:

- **Gestão de hidratos de carbono**: A educação sobre a contagem de hidratos de carbono e a importância do controlo glicémico são vitais. Incentivar o consumo de hidratos de carbono ricos em fibras e limitar os açúcares adicionados.
- **Refeições equilibradas**: Incorporar refeições equilibradas com proteínas, gorduras saudáveis e muitos vegetais sem amido para ajudar a regular os níveis de açúcar no sangue.

2.3 Osteoporose:

- **Ingestão de cálcio e vitamina D**: Assegurar a ingestão adequada de alimentos ricos em cálcio (produtos lácteos, vegetais de folha verde, alimentos fortificados) e fontes de vitamina D (peixe gordo, produtos lácteos fortificados).
- **Exercícios de suporte de peso**: Recomendar exercícios de suporte de peso para apoiar a saúde óssea em conjunto com modificações na dieta.

2.4 Declínio cognitivo:

- ** Dieta mediterrânica**: Promover uma dieta rica em frutas, legumes, cereais integrais, peixe, nozes e azeite, que pode ajudar a reduzir o risco de declínio cognitivo.

- **Ácidos gordos ómega 3**: Incluir fontes de ómega 3 (por exemplo, peixes gordos, sementes de linhaça, nozes) que podem beneficiar a saúde do cérebro.

3. Apoio nutricional e prevenção da malnutrição

3.1 Identificar a subnutrição:

- **Ferramentas de triagem**: Usar ferramentas de rastreio (por exemplo, Mini Avaliação Nutricional) para identificar os idosos em risco de desnutrição ou aqueles que exibem sinais de subnutrição.
- **Monitorização regular**: Monitorizar regularmente o peso, a ingestão alimentar e a saúde física para avaliar o estado nutricional.

3.2 Estratégias de apoio à nutrição:

- **Planeamento e preparação de refeições**: Incentive os idosos a planear refeições fáceis de preparar e que incluam opções ricas em nutrientes. Utilize recursos comunitários, serviços de entrega de refeições e programas nutricionais.
- **Suplementos nutricionais**: Para aqueles que têm dificuldade em satisfazer as suas necessidades apenas com os alimentos, considere os suplementos nutricionais (por exemplo, batidos de proteínas, bebidas fortificadas) como uma estratégia a curto prazo.

3.3 Educação e aconselhamento:

- **Educação nutricional**: Fornecer educação sobre alimentação saudável, planeamento de refeições e opções de preparação de alimentos para melhorar os hábitos alimentares.
- **Envolvimento dos prestadores de cuidados**: Envolver os membros da família e os prestadores de cuidados na educação nutricional para apoiar escolhas mais saudáveis em casa.

3.4 Apoio social e recursos comunitários:

- **Programas comunitários**: Incentivar a participação em recursos comunitários, como centros de idosos, programas de assistência alimentar ou workshops de nutrição, para fornecer apoio social e aumentar a segurança alimentar.

- **Aulas de culinária**: Proporcionar acesso a aulas de culinária e workshops para melhorar as competências culinárias e promover hábitos alimentares mais saudáveis.

Conclusão

A dietoterapia para adultos mais velhos centra-se na resposta às suas necessidades nutricionais e preocupações de saúde únicas, ao mesmo tempo que modifica as dietas para se adaptarem a doenças crónicas. As medidas proactivas são essenciais para prevenir a desnutrição e apoiar a saúde e o bem-estar geral. A colaboração com profissionais de saúde, dietistas registados e recursos comunitários pode melhorar o acesso dos idosos a alimentos nutritivos e permitir-lhes manter um estilo de vida saudável e gratificante.

Perguntas de escolha múltipla

Pergunta 1: Qual é a ingestão de proteínas recomendada para adultos mais velhos para preservar a massa muscular e a saúde geral?

A) 0,8 gramas por quilograma
de peso corporal B) 1,0 a 1,2 gramas por quilograma de peso corporal
C) 1,5 gramas por quilograma
de peso corporal D) 2,0 gramas por quilograma de peso corporal

Resposta: B) 1,0 a 1,2 gramas por quilograma de peso corporal

Questão 2: Qual dos seguintes nutrientes é crucial para a saúde óssea em adultos mais velhos?

A) Vitamina C
B) Cálcio e vitamina D
C) Ferro
D) Potássio

Resposta: B) Cálcio e Vitamina D

Pergunta 3: Qual é a principal preocupação dos idosos relativamente à hidratação?

A) Aumento
da sede B) Diminuição da sensação de sede

C) Ingestão elevada de líquidos

D) Consumo excessivo de cafeína

Resposta: B) Diminuição da sensação de sede

Pergunta 4: Que padrão alimentar pode ajudar a reduzir o risco de declínio cognitivo em adultos mais velhos?

A) Dieta cetogénica

B) Dieta mediterrânica

C) Dieta paleo

D) Dieta DASH

Resposta: B) Dieta Mediterrânica

Pergunta 5: Qual das seguintes dietas é recomendada para controlar a diabetes em adultos mais velhos?

A) Dieta rica em açúcar

B) Dieta pobre em hidratos de carbono

C) Dieta com contagem de hidratos de carbono

D) Dieta sem gordura

Responda: C) Dieta de contagem de hidratos de carbono

Perguntas diretas

1. **Que modificações na dieta podem os idosos fazer para controlar as doenças cardíacas?**
    - Os adultos mais velhos podem seguir uma dieta saudável para o coração que privilegia frutas, legumes, cereais integrais, proteínas magras e gorduras saudáveis, limitando as gorduras saturadas, as gorduras trans, o colesterol e o sódio. A dieta DASH também é recomendada para controlar a tensão arterial.
2. **Como é que os idosos podem garantir que estão a satisfazer as suas necessidades de hidratação?**
    - Os adultos mais velhos podem assegurar uma ingestão adequada de líquidos bebendo conscientemente 8-10 copos de água por dia, utilizando lembretes e consumindo alimentos hidratantes como frutos e legumes. Devem ser encorajados a beber regularmente, mesmo que não sintam sede.

3. **Que factores podem contribuir para a subnutrição nos idosos?**
    - Os factores que contribuem para a subnutrição incluem a diminuição do apetite, deficiências funcionais (por exemplo, dificuldade na preparação de alimentos), restrições financeiras, isolamento social e alterações sensoriais (diminuição do paladar ou do olfato).
4. **Que papel desempenham os suplementos nutricionais na alimentação dos idosos?**
    - Os suplementos nutricionais podem ser benéficos para os idosos que têm dificuldade em satisfazer as suas necessidades nutricionais apenas através da alimentação. Estes suplementos podem incluir batidos de proteínas ou bebidas fortificadas e devem ser considerados como soluções a curto prazo, sob orientação dos cuidados de saúde.
5. **Porque é que é importante envolver os prestadores de cuidados na educação nutricional dos idosos?**
    - É essencial envolver os prestadores de cuidados na educação nutricional, uma vez que estes desempenham um papel importante no planeamento e preparação das refeições. Os prestadores de cuidados educados podem ajudar a apoiar escolhas alimentares mais saudáveis e garantir que os idosos recebem a nutrição de que necessitam.

Estudo de caso

Estudo de caso: Gestão Nutricional da Joana

A Joana é uma mulher de 75 anos com um historial de hipertensão ligeira e osteoartrite. Vive sozinha e tem tido dificuldades na preparação de alimentos devido às dores nas articulações. Recentemente, tem notado uma perda de peso e sente-se letárgica.

1. **Avaliação do estado nutricional:**
    - A dieta da Joana consiste principalmente em refeições pré-embaladas e snacks. Devido à sua artrite, tem dificuldade em preparar legumes frescos e proteínas magras.
2. **Perguntas:**

    a. Que alterações alimentares devem ser consideradas por Joana para satisfazer as suas necessidades nutricionais e gerir as suas condições de saúde?

b. Que estratégias podem ser implementadas para ajudar Joana na preparação das refeições?

Respostas:

a. **Alterações na dieta:**

- A Joana deve concentrar-se no consumo de uma dieta mais rica em frutas, legumes, cereais integrais, proteínas magras (como peixe e aves) e gorduras saudáveis. Deve procurar uma ingestão adequada de cálcio e vitamina D para apoiar a sua saúde óssea e consumir alimentos com baixo teor de sódio para controlar a sua hipertensão. A incorporação de snacks ricos em nutrientes, como nozes, iogurte e fruta, também a ajudará a satisfazer as suas necessidades calóricas.

b. **Estratégias para a preparação de refeições:**

- Para ajudar a Joana na preparação das refeições, algumas estratégias podem incluir:
- Utilização de legumes pré-cortados ou congelados para facilitar a preparação.
- Preparar refeições a granel e congelá-las para maior comodidade.
- Explorar serviços de entrega de refeições que forneçam refeições equilibradas adaptadas às suas restrições alimentares.
- Participar em aulas de culinária comunitárias destinadas a idosos para melhorar as suas capacidades culinárias num ambiente de apoio.
- Incentivar a família ou os amigos a ajudar na preparação ou planeamento das refeições.

CAPÍTULO DEZASSETE: DIETOTERAPIA PARA DOENÇAS METABÓLICAS E GENÉTICAS

Introdução

As doenças metabólicas e genéticas requerem frequentemente intervenções dietéticas específicas para gerir os sintomas, prevenir complicações e promover uma saúde óptima. Este capítulo fornece uma visão geral dos principais distúrbios metabólicos, incluindo a fenilcetonúria (PKU), a doença da urina do xarope do bordo (MSUD), a homocistinúria e a galactosemia, juntamente com as terapias dietéticas recomendadas para gerir estas condições.

As doenças metabólicas e genéticas abrangem uma vasta gama de condições que afectam a capacidade do organismo para processar nutrientes e manter a homeostasia. Estas perturbações podem afetar significativamente a saúde, o desenvolvimento e a qualidade de vida geral de um indivíduo. A dietoterapia desempenha um papel crucial na gestão destas doenças, oferecendo um meio de atenuar os sintomas, melhorar a função metabólica e promover resultados de saúde óptimos.

Nas perturbações metabólicas, como a diabetes, a fenilcetonúria (PKU) e a obesidade, as modificações alimentares são essenciais para regular as vias bioquímicas e garantir que o organismo recebe o equilíbrio correto de nutrientes. Por exemplo, os indivíduos com diabetes beneficiam de padrões de refeições cuidadosamente planeados que controlam os níveis de açúcar no sangue, enquanto os indivíduos com PKU devem aderir a uma dieta rigorosa com baixo teor de fenilalanina para evitar danos neurológicos.

Do mesmo modo, as doenças genéticas requerem frequentemente dietas especializadas adaptadas às necessidades metabólicas específicas do indivíduo. Estas dietas podem ajudar a gerir os sintomas, reduzir o risco de complicações e melhorar o bem-estar geral. Os nutricionistas e os prestadores de cuidados de saúde trabalham em estreita colaboração com os doentes e as suas famílias para desenvolver planos alimentares personalizados que tenham em conta as preferências individuais, o estilo de vida e as complexidades da doença.

1. Fenilcetonúria (PKU)

1.1 Visão geral:

- A PKU é uma doença metabólica hereditária causada por uma deficiência na enzima fenilalanina hidroxilase, que é necessária para o metabolismo da fenilalanina, um aminoácido presente em muitos alimentos que contêm proteínas.

- A acumulação de fenilalanina pode levar a lesões neurológicas graves se não for controlada.

1.2 Gestão dietética:

- **Restrição de fenilalanina**: Os indivíduos com PKU devem seguir uma dieta para toda a vida que restringe severamente a ingestão de fenilalanina. Para isso, é necessário evitar alimentos ricos em proteínas, como carne, laticínios, ovos, nozes e produtos de soja.
- **Fórmulas especializadas**: A utilização de fórmulas médicas sem fenilalanina (concebidas para fornecer os nutrientes necessários sem fenilalanina) é essencial para garantir uma ingestão proteica e uma nutrição adequadas sem comprometer a saúde.
- **Alimentos pobres em proteínas**: A incorporação de alimentos com baixo teor de proteínas (frutas, legumes e alguns cereais especializados com baixo teor de proteínas) pode ajudar a criar uma dieta equilibrada, limitando a fenilalanina.

1.3 Controlo:

- É necessária uma monitorização regular dos níveis de fenilalanina no sangue para garantir que se mantêm dentro dos limites de segurança e para ajustar a ingestão alimentar conforme necessário.

2. Doença da urina do xarope do bordo (MSUD)

2.1 Visão geral:

- A MSUD é uma doença hereditária rara caracterizada pela incapacidade de metabolizar os aminoácidos de cadeia ramificada (BCAA) - leucina, isoleucina e valina - devido a uma deficiência no complexo alfa-cetoácido desidrogenase de cadeia ramificada.
- Os sintomas podem incluir cetoacidose, lesões neurológicas e uma urina com um cheiro adocicado distinto.

2.2 Gestão do regime alimentar:

- **Restrição dietética de BCAAs**: O tratamento primário envolve uma dieta rigorosa com baixo teor de leucina, isoleucina e valina. Isto requer um controlo cuidadoso da ingestão de proteínas e a restrição de alimentos ricos em proteínas.

- **Fórmula Especializada**: Uso de fórmulas médicas com baixo teor de BCAAs, mas que fornecem nutrição e energia adequadas para apoiar o crescimento e o desenvolvimento.
- **Monitorização frequente**: A monitorização dos níveis de aminoácidos através de análises laboratoriais regulares é necessária para ajustar a gestão da dieta e evitar crises metabólicas.

2.3 Gestão de emergências:

- É fundamental estar atento aos sinais de crise metabólica, podendo ser necessária uma intervenção de emergência em caso de doença ou de ingestão excessiva de proteínas.

3. Homocistinúria

3.1 Visão geral:

- A homocistinúria é uma doença genética relacionada com o metabolismo do aminoácido metionina, normalmente causada por uma deficiência da cistationina beta-sintetase (CBS).
- Níveis elevados de homocisteína podem levar a inúmeros problemas de saúde, incluindo défices neurológicos, doenças vasculares e anomalias esqueléticas.

3.2 Gestão do regime alimentar:

- **Restrição de metionina**: A terapia dietética envolve principalmente uma dieta pobre em metionina, que requer a limitação de proteínas ricas em metionina (por exemplo, carne, peixe, ovos e lacticínios).
- **Cistina e suplementação de cisteína**: A incorporação de cisteína pode ajudar no controlo da homocistinúria, e a suplementação pode ser recomendada dependendo do estado clínico.
- **Vitamina B6, B12 e folato**: Alguns indivíduos podem beneficiar de doses elevadas de vitamina B6 (piridoxina), juntamente com vitamina B12 e folato para melhorar o processamento metabólico da homocisteína.

3.3 Controlo regular:

- A monitorização regular dos níveis de homocisteína e da ingestão nutricional é essencial para ajustar a dieta e prevenir complicações.

4. Galactosemia

4.1 Visão geral:

- A galactosemia é uma doença hereditária que afecta o metabolismo dos hidratos de carbono, especificamente a conversão da galactose em glucose devido à deficiência da enzima galactose-1-fosfato uridiltransferase (GALT).
- Se não for tratada, pode provocar sintomas agudos, como lesões no fígado, cataratas e deficiências intelectuais.

4.2 Gestão do regime alimentar:

- **Restrição de galactose**: O tratamento principal é a eliminação de todas as fontes de galactose da dieta. Isto inclui evitar produtos lácteos (leite, queijo, iogurte) e alimentos que contenham galactose (legumes, certos frutos).
- **Alternativas sem lactose**: Utilizar alternativas sem lactose ou não lácteas, assegurando que não contêm galactose e que fornecem os nutrientes necessários.
- **Monitorização dos rótulos dos alimentos**: Os indivíduos devem tornar-se hábeis na leitura dos rótulos dos alimentos para identificar fontes ocultas de galactose e lactose.

4.3 Gestão a longo prazo:

- O controlo dietético ao longo da vida é essencial, com avaliação contínua da ingestão alimentar e do estado nutricional para prevenir deficiências nutricionais.

Conclusão

A dietoterapia para doenças metabólicas e genéticas como a PKU, MSUD, homocistinúria e galactosemia requer uma gestão cuidadosa e modificações dietéticas específicas para evitar complicações graves para a saúde. Uma abordagem individualizada, envolvendo restrições alimentares, fórmulas especializadas e monitorização regular, é essencial para gerir eficazmente estas doenças. A colaboração com profissionais de saúde e dietistas desempenha um papel vital para garantir que os indivíduos com estas doenças recebem apoio nutricional personalizado e mantêm a sua saúde e bem-estar geral.

Perguntas de escolha múltipla

Pergunta 1: Qual é a principal restrição alimentar para os indivíduos com fenilcetonúria (PKU)?

A) Restrição de hidratos de carbono

B) Restrição de gorduras

C) Restrição de fenilalanina

D) Restrição de fibras

Resposta: C) Restrição de fenilalanina

Pergunta 2: Na doença da urina do xarope do bordo (MSUD), que componente da dieta deve ser restringido?

A) Açúcar

B) Aminoácidos de cadeia ramificada (BCAA)

C) Fibra

D) Gorduras saturadas

Resposta: B) Aminoácidos de cadeia ramificada (BCAAs)

Questão 3: Que nutriente pode ser suplementado em indivíduos com homocistinúria para ajudar a gerir a doença?

A) Vitamina C

B) Vitamina D

C) Vitamina B6 (piridoxina)

D) Vitamina A

Resposta: C) Vitamina B6 (piridoxina)

Pergunta 4: Qual é a principal abordagem dietética para o controlo da galactosemia?

A) Aumentar o consumo de lacticínios

B) Eliminar os alimentos que contêm galactose

C) Aumentar o consumo de proteínas

D) Dieta rica em fibras

Resposta: B) Eliminar alimentos que contenham galactose

Pergunta 5: Qual dos seguintes é um sintoma comum da doença da urina do xarope do bordo (MSUD)?

A) Aumento de peso

B) Urina com cheiro doce

C) Pele seca

D) Tensão arterial elevada

Resposta: B) Urina com cheiro doce

Perguntas diretas

1. **Quais são algumas das complicações comuns associadas à fenilcetonúria (PKU) não tratada?**
   - A PKU não tratada pode levar a danos neurológicos graves, deficiências intelectuais, problemas de comportamento e outras deficiências cognitivas devido à acumulação de fenilalanina.
2. **Descrever as estratégias de gestão de emergências para indivíduos com a doença da urina do xarope do bordo (MSUD).**
   - Os indivíduos com MSUD devem reconhecer os sinais de crises metabólicas, como letargia ou irritabilidade, e procurar assistência médica imediata. O tratamento de emergência pode envolver hospitalização, fluidos intravenosos e, potencialmente, diálise para remover o excesso de aminoácidos.
3. **Qual é a lógica subjacente à toma de suplementos de vitaminas B6, B12 e folato em indivíduos com homocistinúria?**
   - Estas vitaminas estão envolvidas no metabolismo da homocisteína. A toma de suplementos pode aumentar a conversão da homocisteína noutros compostos, ajudando a baixar os seus níveis em indivíduos com deficiências genéticas que perturbam o seu metabolismo.
4. **Como é que as pessoas com galactosemia podem identificar fontes ocultas de galactose na sua alimentação?**
   - Os indivíduos devem tornar-se proficientes na leitura de rótulos de alimentos para ingredientes que podem conter galactose, como certos alimentos processados, produtos lácteos e legumes. Devem também consultar os profissionais de saúde para obter orientação sobre escolhas alimentares seguras.
5. **Qual o papel da monitorização regular na gestão das doenças metabólicas?**

- A monitorização regular dos níveis sanguíneos de aminoácidos ou metabolitos específicos ajuda a adaptar eficazmente as intervenções dietéticas, garantindo que os níveis se mantêm dentro de intervalos seguros para prevenir complicações e promover uma saúde óptima.

Estudo de caso

Estudo de caso: O percurso do Tom com PKU

Tom é uma criança de 3 anos a quem foi diagnosticada fenilcetonúria (PKU) pouco depois do nascimento. Os seus pais estão preocupados com as suas restrições alimentares e com a forma de garantir que ele recebe uma nutrição adequada, evitando a fenilalanina.

1. **Avaliação das necessidades dietéticas:**
    - O Tomás tem uma consulta de acompanhamento com um nutricionista registado para desenvolver um plano alimentar abrangente. A sua dieta atual inclui algumas frutas e legumes com baixo teor de proteínas, mas os seus pais não sabem como incorporar nutrientes adicionais.
2. **Perguntas:**

    a. Que modificações na dieta podem os pais do Tomás fazer para garantir que ele recebe a nutrição necessária sem exceder os limites de fenilalanina?
    b. Porque é que é importante para o Tomás usar fórmulas especializadas concebidas para o controlo da PKU?

Respostas:

a. **Modificações dietéticas:**

- Os pais do Tomás podem incluir uma variedade de alimentos com baixo teor de proteínas, como frutas (como maçãs e pêras), legumes (como cenouras e abobrinhas) e cereais especializados com baixo teor de proteínas (como certas massas e substitutos do pão). Devem também concentrar-se na incorporação de fórmulas médicas sem fenilalanina para fornecer nutrientes essenciais sem o aminoácido prejudicial.

b. **Importância das fórmulas especializadas:**

- As fórmulas especializadas para a PKU são cruciais, uma vez que são concebidas para fornecer as quantidades necessárias de proteínas e outros nutrientes de que o Tomás necessita para o seu crescimento e desenvolvimento, evitando completamente a fenilalanina. Estas fórmulas são vitais para ajudar a prevenir deficiências e garantir a saúde geral, dadas as limitações rigorosas das fontes naturais de proteínas na sua dieta.

CAPÍTULO DEZOITO: ALERGIAS E INTOLERÂNCIAS ALIMENTARES

Introdução

As alergias e intolerâncias alimentares são problemas de saúde importantes que podem levar a uma série de sintomas e complicações para os indivíduos. Abaixo encontra-se uma visão geral das alergias e intolerâncias alimentares, incluindo definições, mecanismos, alergénios comuns, sintomas, diagnóstico e estratégias de gestão.

As alergias e intolerâncias alimentares são cada vez mais reconhecidas como importantes problemas de saúde pública, afectando milhões de indivíduos em todo o mundo. Embora muitas vezes utilizados indistintamente, estes termos descrevem respostas fisiológicas distintas aos alimentos que podem levar a uma série de sintomas, desde um ligeiro desconforto a reacções potencialmente fatais.

As alergias alimentares envolvem uma resposta imunitária em que o corpo identifica erradamente uma proteína alimentar inofensiva como uma ameaça. Isto pode despoletar sintomas como urticária, inchaço, problemas gastrointestinais e, em casos graves, anafilaxia. Os alergénios mais comuns incluem amendoins, nozes, marisco, peixe, leite, ovos, trigo e soja. A prevalência das alergias alimentares aumentou drasticamente nas últimas décadas, levando a uma maior consciencialização e à necessidade de estratégias de gestão eficazes.

Em contrapartida, as intolerâncias alimentares envolvem normalmente respostas não imunitárias que podem provocar desconforto digestivo e outros sintomas, como inchaço, gases e dores de cabeça. Condições como a intolerância à lactose e a sensibilidade ao glúten são exemplos principais, em que o corpo se esforça para digerir certos componentes dos alimentos. Embora as intolerâncias possam ter um impacto significativo na qualidade de vida, são geralmente menos graves do que as alergias alimentares e raramente resultam em reacções potencialmente fatais.

Compreender as diferenças entre alergias e intolerâncias alimentares é crucial para um diagnóstico, controlo e tratamento eficazes. Esta discussão tem como objetivo fornecer informações sobre os mecanismos subjacentes a estas condições, os seus sintomas e estratégias práticas para os indivíduos que navegam nas restrições alimentares. Ao promover uma compreensão mais profunda das alergias e intolerâncias alimentares, podemos capacitar os indivíduos para fazerem escolhas informadas que melhorem a sua saúde e bem-estar.

1. Definições

1.1. Alergia alimentar

- **Definição**: Uma alergia alimentar é uma resposta do sistema imunitário que ocorre quando o organismo identifica erradamente uma proteína específica dos alimentos como prejudicial. Esta resposta imunitária pode resultar numa variedade de sintomas, alguns dos quais podem ser graves ou potencialmente fatais.
- **Mecanismo**: Nas alergias alimentares, o sistema imunitário produz anticorpos de imunoglobulina E (IgE) em resposta a determinadas proteínas alimentares. Após a exposição subsequente ao mesmo alimento, estes anticorpos desencadeiam a libertação de substâncias químicas como a histamina, levando a sintomas alérgicos.

1.2. Intolerância alimentar

- **Definição**: A intolerância alimentar envolve uma resposta não imune a determinados alimentos, muitas vezes relacionada com problemas digestivos. Não envolve o sistema imunitário, mas sim a incapacidade de digerir ou metabolizar corretamente um componente alimentar específico.
- **Mecanismo**: As causas mais comuns de intolerância alimentar incluem deficiências enzimáticas (por exemplo, intolerância à lactose), sensibilidade a aditivos alimentares ou reacções a substâncias que ocorrem naturalmente nos alimentos.

2. Alergénios alimentares comuns

Os alergénios alimentares mais comuns, frequentemente referidos como os "Oito Grandes", incluem:

1. **Leite**: A alergia à proteína do leite de vaca é uma das mais prevalentes nas crianças.
2. **Ovos**: As alergias às claras de ovo são particularmente comuns nas crianças.
3. **Amendoins**: Um alergénio comum e potencialmente grave que pode causar reacções anafiláticas.
4. Frutos **de casca rija**: Inclui frutos de casca rija como amêndoas, nozes, cajus e pecans.
5. **Peixe**: O bacalhau, o salmão e outros tipos de peixe são alergénios típicos.

6. **Marisco**: O camarão, o caranguejo e a lagosta são factores de risco frequentes.
7. **Trigo**: Frequentemente associado às proteínas glúten e gliadina.
8. **A soja**: Um alergénio comum, especialmente em bebés e crianças.

3. Sintomas

3.1. Sintomas de alergias alimentares

Os sintomas podem aparecer dentro de minutos a horas após a exposição e podem incluir:

- Reacções cutâneas: Urticária, eczema ou inchaço
- Sintomas gastrointestinais: Náuseas, vómitos, diarreia ou dor abdominal
- Problemas respiratórios: Congestão nasal, espirros, pieira, falta de ar ou anafilaxia
- Sintomas cardiovasculares: Tonturas, ritmo cardíaco acelerado ou queda da tensão arterial (choque anafilático)

3.2. Sintomas de intolerância alimentar

Os sintomas variam muito consoante o tipo de intolerância e podem incluir

- Sintomas gastrointestinais: Inchaço, gases, diarreia, obstipação ou cãibras no estômago
- Dores de cabeça ou enxaquecas
- Fadiga ou letargia
- Reacções cutâneas (menos frequentes)

4. Diagnóstico

4.1. Diagnóstico de alergias alimentares

- **Historial médico**: Uma história detalhada dos sintomas, ingestão de alimentos e momento das reacções.
- **Testes de picada na pele**: São aplicadas pequenas quantidades de alergénios na pele para testar as reacções.
- **Análises ao sangue**: Medição de anticorpos IgE específicos para determinados alimentos.

- **Desafio alimentar oral**: Sob supervisão médica, o indivíduo consome o alergénio suspeito para observar as reacções.

4.2. Diagnóstico da intolerância alimentar

- **Dieta de eliminação**: Envolve a remoção de alimentos suspeitos da dieta e a sua reintrodução gradual enquanto se monitorizam os sintomas.
- **Testes respiratórios**: Por exemplo, testes respiratórios de hidrogénio para detetar a intolerância à lactose.
- **Diário alimentar**: Manter um registo detalhado da ingestão de alimentos e dos sintomas para identificar potenciais factores desencadeantes.

5. Gestão e tratamento

5.1. Gestão das alergias alimentares

- **Evitar**: A forma mais eficaz de prevenir reacções alérgicas é evitar rigorosamente os alergénios conhecidos.
- **Ler os rótulos**: Aprender a ler cuidadosamente os rótulos dos alimentos para identificar potenciais alergénios.
- **Plano de emergência**: As pessoas com alergias graves devem ter consigo um auto-injetor de epinefrina (por exemplo, EpiPen) e dispor de um plano de ação para o caso de uma reação alérgica.
- **Educação**: Os indivíduos e as famílias devem ser bem informados sobre as alergias alimentares e sobre como comunicar as necessidades dietéticas quando jantam fora ou participam em eventos.

5.2. Gestão da intolerância alimentar

- **Identificar os factores desencadeantes**: Manter um diário alimentar e possivelmente submeter-se a uma dieta de eliminação para identificar intolerâncias alimentares específicas.
- **Reintrodução gradual**: Reintroduzir lentamente os alimentos para determinar os níveis de tolerância e identificar as quantidades seguras.
- **Suplementos enzimáticos**: Alguns indivíduos com deficiências enzimáticas (por exemplo, lactase para intolerância à lactose) podem beneficiar de suplementos enzimáticos para ajudar a digerir certos alimentos.

- **Modificações dietéticas**: Ajustes na dieta, como a substituição de alimentos ou ingredientes alternativos (por exemplo, produtos lácteos sem lactose, grãos sem glúten).

Conclusão

As alergias e intolerâncias alimentares requerem uma gestão cuidadosa e uma consciencialização pessoal para garantir a saúde e a segurança. Compreender as diferenças entre as duas condições, reconhecer os sintomas e seguir estratégias de diagnóstico e gestão adequadas pode melhorar muito a qualidade de vida dos indivíduos afectados por estes problemas. A educação, o apoio dos profissionais de saúde e o planeamento adequado são componentes essenciais para gerir eficazmente as alergias e intolerâncias alimentares.

Perguntas de escolha múltipla

Pergunta 1: Qual é o principal tratamento para as alergias alimentares?

A) Medicação

B) Vacinação

C) Evitar rigorosamente o alergénio

D) Imunoterapia

Resposta: C) Evitar rigorosamente o alergénio

Pergunta 2: Que sintomas estão normalmente associados à doença celíaca?

A) Urticária e erupções cutâneas

B) Diarreia e dores abdominais

C) Azia e indigestão

D) Náuseas e dores de cabeça

Resposta: B) Diarreia e dor abdominal

Questão 3: Qual é um método comum para diagnosticar a intolerância à lactose?

A) Teste cutâneo

B) Análise ao sangue

C) Teste respiratório de hidrogénio

D) Biópsia

Resposta: C) Teste do hálito de hidrogénio

Questão 4: Qual dos seguintes alimentos deve ser evitado numa dieta sem glúten?

A) Arroz

B) Quinoa

C) Trigo

D) Frutos

Responda: C) Trigo

Pergunta 5: Que tipo de especialista pode ajudar as pessoas com doença celíaca a planear as suas refeições?

A) Médico de clínica geral

B) Alergologista

C) Dietista registado

D) Nutricionista

Resposta: C) Dietista registado

Perguntas diretas

1. **O que é a anafilaxia e como deve ser gerida no contexto das alergias alimentares?**
   - A anafilaxia é uma reação alérgica grave, com risco de vida, que pode ocorrer rapidamente após a exposição a um alergénio. A gestão inclui a administração imediata de epinefrina através de um auto-injetor (como uma EpiPen) e o pedido de ajuda médica de emergência. Os indivíduos devem ter um plano de ação que especifique as medidas a tomar em caso de reação alérgica.
2. **Quais são algumas estratégias para evitar a contaminação cruzada para uma pessoa com doença celíaca?**
   - Para evitar a contaminação cruzada, os indivíduos com doença celíaca devem manter as superfícies de cozedura, os utensílios e o equipamento separados dos alimentos que contêm glúten. Devem também utilizar torradeiras, tábuas de cortar e utensílios de cozinha separados e limpar bem as superfícies para remover quaisquer resíduos de glúten.
3. **Como é que as pessoas podem identificar os seus níveis pessoais de tolerância à lactose?**
   - Os indivíduos podem identificar os seus níveis de tolerância à lactose mantendo um diário de sintomas, anotando os sintomas em relação à

ingestão de lactose. Podem também reintroduzir gradualmente alimentos que contenham lactose enquanto monitorizam os seus sintomas para determinar a quantidade máxima que podem tolerar sem desconforto.

4. **Porque é que uma pessoa com intolerância à lactose pode ainda tolerar iogurte e queijos duros?**
   - O iogurte e os queijos duros contêm normalmente níveis mais baixos de lactose. O processo de fermentação decompõe parcialmente a lactose e as bactérias benéficas do iogurte podem ajudar a digerir a lactose restante, tornando estes alimentos mais fáceis de tolerar para muitos indivíduos com intolerância à lactose.
5. **Que recursos educativos podem beneficiar as pessoas que gerem alergias ou intolerâncias alimentares?**
   - Os recursos educativos, tais como grupos de apoio, livros de receitas que se dedicam à cozinha sem alergias, fóruns online e workshops de nutrição podem fornecer dicas práticas, apoio emocional e informações essenciais para gerir eficazmente as alergias e intolerâncias alimentares.

Estudo de caso

Estudo de caso: Gestão da Intolerância à Lactose da Sarah

Sara é uma mulher de 28 anos que tem sentido desconforto gastrointestinal após consumir produtos lácteos. Depois de consultar o seu profissional de saúde, suspeita que tem intolerância à lactose.

1. **Avaliação das necessidades dietéticas:**
   - A Sarah mantém um diário de sintomas durante duas semanas, registando a ingestão de alimentos e os sintomas. Ela sente inchaço e cãibras depois de consumir leite e gelado, mas sente-se bem depois de consumir iogurte e queijos duros.
2. **Perguntas:**

   a. Que alterações alimentares deve Sara considerar para gerir a sua intolerância à lactose?
   b. Que medidas pode Sara tomar para garantir que satisfaz as suas necessidades de cálcio e vitamina D, evitando os lacticínios?

Respostas:

a. **Mudanças na dieta:**

- A Sara deve limitar ou eliminar os alimentos ricos em lactose, como o leite, os queijos de pasta mole e os gelados. Em vez disso, pode optar por alternativas sem lactose, como leite ou iogurte sem lactose. Como ela tolera melhor o iogurte e os queijos duros, pode incorporá-los na sua dieta com moderação, enquanto monitoriza os seus sintomas.

b. **Satisfazer as necessidades de cálcio e de vitamina D:**

- A Sarah pode satisfazer as suas necessidades de cálcio e vitamina D através do consumo de outras fontes alimentares, tais como
- Folhas verdes (por exemplo, couve, espinafres)
- Leite vegetal fortificado (por exemplo, leite de amêndoa, soja ou aveia)
- Peixes gordos (por exemplo, salmão, sardinhas)
- Cereais e sumos fortificados
- Os suplementos de cálcio também podem ser considerados se as fontes dietéticas forem insuficientes.

Esta visão geral estruturada fornece informações sobre a identificação e gestão de alergias alimentares, doença celíaca e intolerância à lactose, enfatizando a importância de modificações dietéticas e cuidados individualizados.

CAPÍTULO DEZANOVE: PERTURBAÇÕES ALIMENTARES

Introdução

As perturbações alimentares são problemas complexos de saúde mental caracterizados por perturbações graves nos comportamentos alimentares, na imagem corporal e na regulação do peso. Podem afetar indivíduos de todas as idades, géneros e origens, levando frequentemente a consequências físicas, emocionais e psicológicas significativas. Os tipos mais comuns de perturbações alimentares incluem a anorexia nervosa, a bulimia nervosa, a perturbação da compulsão alimentar e a perturbação da ingestão alimentar evitante/restritiva (ARFID). Cada uma destas doenças apresenta desafios únicos e requer abordagens adaptadas para um tratamento e recuperação eficazes.

O aparecimento de perturbações alimentares é frequentemente influenciado por uma combinação de factores genéticos, psicológicos, socioculturais e ambientais. Os indivíduos podem desenvolver relações pouco saudáveis com a comida como forma de lidar com o stress, ansiedade ou trauma, ou como resposta a pressões sociais relativas à imagem corporal e ao peso. Esta interação complexa pode tornar a identificação e o tratamento das perturbações alimentares particularmente difícil.

O tratamento eficaz das perturbações alimentares envolve normalmente uma abordagem multidisciplinar, que inclui apoio médico, nutricional e psicológico. A dietoterapia desempenha um papel crucial no processo de recuperação, ajudando os indivíduos a estabelecer padrões alimentares mais saudáveis, a melhorar o estado nutricional e a promover uma imagem corporal mais positiva. Ao concentrarem-se numa nutrição equilibrada e na auto-aceitação, os indivíduos podem trabalhar no sentido da cura física e emocional.

Distúrbios alimentares

- Reabilitação nutricional na anorexia nervosa
- Controlo dietético da bulimia nervosa
- Intervenções na perturbação da compulsão alimentar

As perturbações alimentares são doenças graves, muitas vezes potencialmente fatais, que exigem abordagens de tratamento abrangentes. Segue-se uma descrição pormenorizada da reabilitação nutricional na anorexia nervosa, do tratamento dietético da bulimia nervosa e das intervenções na perturbação da compulsão alimentar.

Introdução

- Definição de perturbações alimentares: Condições complexas de saúde mental caracterizadas por perturbações graves nos comportamentos alimentares, na imagem corporal e na regulação do peso.
- Prevalência: Pode afetar indivíduos de todas as idades, géneros e origens.
- Importância: Os distúrbios alimentares têm consequências físicas, emocionais e psicológicas significativas, o que os torna cruciais para a compreensão da dietoterapia.

1. Tipos de perturbações alimentares

1.1 Anorexia Nervosa

- Sintomas: Restrição severa da ingestão de alimentos, medo intenso de ganhar peso, distorção da imagem corporal.
- Consequências: Desnutrição, falência de órgãos, osteoporose.

1.2 Bulimia Nervosa

- Sintomas: Consumo excessivo de alimentos seguido de purga (vómitos, exercício excessivo, uso indevido de laxantes).
- Consequências: Desequilíbrios electrolíticos, problemas gastrointestinais, erosão dentária.

1.3 Perturbação da compulsão alimentar

- Sintomas: Episódios recorrentes de ingestão de grandes quantidades de alimentos, sentimentos de perda de controlo e angústia.
- Consequências: Obesidade, diabetes, doenças cardíacas.

1.4 Perturbação da Ingestão Alimentar Evitante/Restritiva (ARFID)

- Sintomas: Falta de interesse pela comida, evitamento de certos alimentos com base em caraterísticas sensoriais (textura, cheiro).
- Consequências: Deficiências nutricionais, perda de peso.

2. Causas e influências

2.1 Factores genéticos

- O historial familiar pode aumentar o risco.
- Predisposições biológicas que afectam a regulação do apetite e o humor.

2.2 Factores psicológicos

- Perturbações de saúde mental concomitantes (ansiedade, depressão).
- Baixa autoestima e perfeccionismo.

2.3 Factores socioculturais

- Representação mediática de tipos de corpo ideais.
- Pressão dos pares e expectativas sociais relativamente ao peso e à aparência.

2.4 Factores ambientais

- Dinâmica familiar e experiências de infância.
- Disponibilidade e atitudes em relação à alimentação no seio do agregado familiar.

3. Desafios na identificação e tratamento

- A complexidade dos sintomas leva frequentemente a um diagnóstico incorreto.
- O estigma em torno da saúde mental pode impedir as pessoas de procurar ajuda.
- Necessidade de uma compreensão global dos aspectos psicológicos, sociais e nutricionais.

4. Abordagem multidisciplinar do tratamento

4.1 Apoio médico

- Avaliações médicas regulares e controlo da saúde física.
- Tratamento de quaisquer condições médicas comórbidas.

4.2 Apoio psicológico

- Terapia cognitivo-comportamental (TCC) para abordar padrões de pensamento relacionados com a alimentação e a imagem corporal.
- Grupos de apoio para partilha de experiências e recuperação.

4.3 Apoio nutricional

- A dietoterapia desempenha um papel crucial:

    - Ajuda a estabelecer padrões alimentares mais saudáveis.
    - Tem por objetivo melhorar o estado nutricional e promover a recuperação.
    - Incentiva a nutrição equilibrada e a auto-aceitação.

5. Princípios da dietoterapia nas perturbações alimentares

5.1 Estabelecer um regime alimentar equilibrado

- Concentre-se numa variedade de grupos de alimentos para garantir uma ingestão adequada de nutrientes.
- Incentivar práticas alimentares conscientes: prestar atenção aos sinais de fome e ao prazer da comida.

5.2 Estrutura das refeições

- Desenvolvimento de padrões regulares de refeições e lanches para ajudar a normalizar os comportamentos alimentares.
- Utilização de planos de refeições individualizados para responder a necessidades e preferências específicas.

5.3 Abordagem das carências nutricionais

- Identificação de carências específicas (por exemplo, vitaminas, minerais).
- Implementação de alterações na dieta ou suplementação, conforme necessário.

5.4 Promover uma imagem corporal positiva

- Promover a auto-aceitação e uma imagem corporal saudável através da educação.
- Incentivar as afirmações positivas e os exercícios de aceitação.

6. Conclusão

- A recuperação de perturbações alimentares é um percurso que requer tempo, apoio e empenho.
- Importância da colaboração entre profissionais de saúde, doentes e famílias.
- Apelo à ação: Incentivar as pessoas a procurar ajuda e apoio de profissionais qualificados sem vergonha ou estigma.

Perguntas de revisão sobre distúrbios alimentares

I. Perguntas de escolha múltipla

1. **Qual das seguintes é uma caraterística da anorexia nervosa?**
   a) Consumo excessivo de alimentos seguido de purga
   b) Restrição severa da ingestão
   de alimentos c) Consumo de grandes quantidades de alimentos sem controlo
   d) Evitar certas texturas alimentares
   Resposta: b) Restrição severa da ingestão de alimentos

2. **Qual é uma consequência comum da bulimia nervosa?**
   a) Deficiências nutricionais
   b) Osteoporose
   c) Desequilíbrios electrolíticos
   d) Ambas a e c
   Resposta: d) Ambas a e c

3. **Que perturbação alimentar se caracteriza pelo evitamento de alimentos com base em caraterísticas sensoriais?**
   a) Perturbação da compulsão alimentar
   b) Anorexia Nervosa
   c) Bulimia Nervosa
   d) Perturbação da ingestão alimentar evitante/restritiva (ARFID)
   Resposta: d) Perturbação da Ingestão Alimentar Evitante/Restritiva (ARFID)

4. **Que papel desempenha a dietoterapia no tratamento das perturbações alimentares?**
   a) Centra-se exclusivamente na perda de peso.
   b) Ajuda a estabelecer padrões alimentares mais saudáveis e a melhorar o estado nutricional.
   c) Elimina todas as escolhas alimentares.
   d) Não é uma parte essencial do tratamento.
   Resposta: b) Ajuda a estabelecer padrões alimentares mais saudáveis e a melhorar o estado nutricional.

II. Perguntas de Verdadeiro ou Falso

1. **Verdadeiro ou falso:** Os distúrbios alimentares podem afetar apenas as mulheres jovens.
   Resposta: Falso

2. **Verdadeiro ou Falso:** A Terapia Cognitivo-Comportamental (TCC) é frequentemente usada para tratar distúrbios alimentares.
   Responda: Verdadeiro
3. **Verdadeiro ou Falso:** Os indivíduos com transtorno da compulsão alimentar não apresentam sentimentos de angústia relacionados com os seus comportamentos alimentares.
   Resposta: Falso
4. **Verdadeiro ou falso:** A dinâmica familiar pode influenciar o aparecimento de distúrbios alimentares.
   Resposta: Verdadeiro

III. Perguntas diretas

1. **Quais são os quatro principais tipos de distúrbios alimentares abordados no capítulo?**
   Resposta: A anorexia nervosa, a bulimia nervosa, a perturbação da compulsão alimentar e a perturbação da ingestão alimentar evitante/restritiva (ARFID).
2. **Enumere três factores que podem contribuir para o desenvolvimento de distúrbios alimentares.**
   Resposta: Factores genéticos, factores psicológicos (como a ansiedade ou a baixa autoestima) e factores socioculturais (como as influências dos meios de comunicação social ou as pressões sociais).
3. **Explique como uma abordagem multidisciplinar ajuda no tratamento de distúrbios alimentares.**
   Resposta: Uma abordagem multidisciplinar combina apoio médico, psicológico e nutricional, assegurando um plano de tratamento abrangente que aborda os aspectos físicos, emocionais e comportamentais das perturbações alimentares.
4. **Quais são os princípios fundamentais da dietoterapia no contexto das perturbações alimentares?**
   Resposta: Estabelecer uma dieta equilibrada, criar estruturas regulares para as refeições, tratar as deficiências nutricionais e promover uma imagem corporal positiva.

CAPÍTULO VINTE: NUTRIÇÃO DESPORTIVA E RENDIMENTO DESPORTIVO

Introdução

A nutrição desportiva é uma área especializada que se centra nas necessidades alimentares de atletas e indivíduos activos para otimizar o desempenho, melhorar a recuperação e promover a saúde em geral. À medida que as exigências físicas do treino e da competição aumentam, também aumenta a importância de um plano de nutrição bem estruturado. Uma nutrição adequada não só alimenta o desempenho atlético, como também desempenha um papel fundamental na prevenção de lesões, na recuperação muscular e na manutenção dos níveis de energia durante actividades físicas prolongadas.

Os atletas necessitam de nutrientes específicos em maiores quantidades do que a média das pessoas, incluindo hidratos de carbono para obter energia, proteínas para a reparação e crescimento muscular e gorduras para uma resistência sustentada. Além disso, as vitaminas e os minerais são essenciais para vários processos metabólicos e para o bem-estar geral. Compreender o momento e a composição das refeições e dos lanches pode ter um impacto significativo nos resultados do desempenho, pelo que é essencial que os atletas estejam bem informados sobre as suas necessidades nutricionais.

Com o aumento dos desportos de competição e da cultura do fitness, a relevância da nutrição desportiva nunca foi tão grande. Estratégias de nutrição personalizadas podem ajudar os atletas a atingir os seus objectivos, quer se trate de melhorar a resistência, aumentar a força ou melhorar a recuperação. Além disso, a educação sobre hidratação, suplementação e o papel dos alimentos na concentração mental e motivação é crucial para maximizar o potencial atlético.

Nutrição desportiva e desempenho desportivo

- Necessidades nutricionais dos desportistas
- Nutrição pré e pós-exercício
- Estratégias de hidratação.

1. Reabilitação nutricional na Anorexia Nervosa

1.1. Compreender a Anorexia Nervosa

A anorexia nervosa é caracterizada por um medo intenso de ganhar peso, uma imagem corporal distorcida e comportamentos alimentares restritivos que levam a uma perda de peso significativa e a deficiências nutricionais. Coexiste frequentemente com problemas psicológicos como a ansiedade e a depressão.

1.2. Objectivos da Reabilitação Nutricional

- **Restauração do peso**: O objetivo principal é atingir um peso saudável e restaurar o peso corporal para níveis adequados à idade, sexo e altura.
- **Restauração nutricional**: Corrigir as deficiências e estabelecer uma dieta equilibrada para apoiar a saúde física geral.
- **Normalização dos padrões alimentares**: Reestruturar os hábitos alimentares desordenados e promover padrões regulares de refeições.

1.3. Avaliação

- **Avaliação clínica**: Recolher dados sobre os comportamentos alimentares actuais, a história do peso, o estado clínico e a avaliação psicológica.
- **Avaliação nutricional**: Avaliar a ingestão alimentar, identificar deficiências e determinar as necessidades calóricas individuais.

1.4. Processo de Reabilitação Nutricional

1. **Fase inicial**:
    - **Ingestão calórica**: Começar com um plano de refeições estruturado que aumente gradualmente a ingestão calórica (frequentemente 30-40 kcal/kg de peso corporal) para promover o aumento de peso inicial. Monitorizar a síndrome de realimentação (uma condição perigosa causada por uma realimentação rápida).
    - **Refeições pequenas e frequentes**: Introduzir refeições e lanches pequenos e ricos em nutrientes para facilitar a ingestão das calorias e nutrientes necessários.
2. **Monitorização e ajustes**: Monitorizar regularmente o aumento de peso (o objetivo é, frequentemente, ganhar 1 a 2 quilos por semana) e ajustar a ingestão calórica e a composição das refeições com base no progresso e na prontidão psicológica.
3. **Componente educativa**: Fornecer educação sobre nutrição, comportamentos alimentares saudáveis e compreensão dos sinais de fome. Capacitar o

indivíduo com conhecimentos sobre a importância da nutrição para a saúde e a recuperação.

4. **Ambiente de apoio**: Envolver a família e os sistemas de apoio no processo para criar um ambiente alimentar positivo e sem julgamentos.
5. **Colaboração com uma equipa multidisciplinar**: As consultas regulares com psicólogos, médicos e dietistas são fundamentais para tratar os aspectos psicológicos e físicos da recuperação.

2. Controlo dietético da bulimia nervosa

2.1. Compreender a Bulimia Nervosa

A bulimia nervosa é caracterizada por episódios de compulsão alimentar seguidos de comportamentos compensatórios inadequados (por exemplo, vómitos, exercício excessivo ou jejum). Os indivíduos mantêm frequentemente um peso normal ou têm um ligeiro excesso de peso.

2.2. Objectivos da gestão do regime alimentar

- **Regularizar os padrões alimentares**: Estabelecer um plano alimentar estruturado que evite comportamentos de compulsão e purga.
- **Adequação nutricional**: Abordar as potenciais deficiências de nutrientes resultantes de comportamentos alimentares desordenados.

2.3. Estratégias de gestão do regime alimentar

1. **Planeamento de refeições**:
    - Desenvolva um plano de refeições estruturado que inclua três refeições equilibradas e 2-3 lanches diários, concentrando-se em intervalos regulares para evitar a fome e diminuir a probabilidade de episódios de compulsão alimentar.
    - Incluir uma variedade de alimentos para garantir que todos os macronutrientes (hidratos de carbono, proteínas e gorduras) e micronutrientes (vitaminas e minerais) são tidos em conta.
2. **Dê ênfase aos alimentos integrais**: Concentre-se em alimentos integrais e ricos em nutrientes, incluindo:
    - Cereais integrais
    - Proteínas magras (aves, peixe, legumes)

- o Frutas e legumes
- o Gorduras saudáveis (frutos secos, sementes, abacate).

3. **Práticas de alimentação consciente**:
   - o Incentivar técnicas de atenção plena durante as refeições para promover a consciencialização dos sinais de fome e saciedade.
   - o Ensinar os doentes a comer mais devagar, a saborear a comida e a reconhecer os estímulos emocionais para comer.
4. **Técnicas comportamentais**:
   - o Implementar estratégias cognitivo-comportamentais para abordar os pensamentos e atitudes subjacentes que contribuem para a desordem alimentar.
   - o Escrever um diário alimentar para documentar os padrões alimentares, os pensamentos e as emoções relacionadas com a comida pode aumentar a consciência e a compreensão.
5. **Educação nutricional**: Fornecer educação sobre os efeitos físicos e emocionais dos ciclos de compulsão e purga e a importância de uma nutrição equilibrada para a saúde e a recuperação.

3. Intervenções na Perturbação da Compulsão Alimentar (BED)

3.1. Compreender a perturbação de compulsão alimentar

A perturbação da compulsão alimentar é caracterizada por episódios recorrentes de ingestão de grandes quantidades de alimentos num período discreto, frequentemente acompanhados por sentimentos de perda de controlo e angústia, mas sem recurso regular a comportamentos compensatórios.

3.2. Objectivos da intervenção

- **Reduzir os episódios de compulsão alimentar**: Diminuir a frequência dos episódios de compulsão alimentar.
- **Promover padrões de alimentação saudável**: Promover uma relação saudável com os alimentos e hábitos alimentares normais.
- **Abordar os componentes psicológicos**: Implementar estratégias para lidar com questões emocionais e psicológicas relacionadas com a alimentação.

3.3. Intervenções

1. **Avaliação**:
   - o Avaliar os comportamentos alimentares, os estímulos emocionais e os padrões de compulsão alimentar através de entrevistas e diários alimentares.
2. **Planos de refeições estruturados**:
   - o Desenvolver planos de refeições individualizados que incluam três refeições equilibradas e 1-2 lanches saudáveis diariamente para ajudar a estabilizar os padrões alimentares e reduzir a vontade de comer em excesso.
3. **Incorporar uma nutrição equilibrada**:
   - o Enfatizar a inclusão de alimentos integrais, com um equilíbrio apropriado de macronutrientes, para promover a saciedade e a adequação nutricional.
   - o Incentivar hábitos alimentares regulares e consistentes para diminuir os sentimentos de privação.
4. **Apoio psicológico**:
   - o **Terapia cognitivo-comportamental (TCC)**: Esta terapia é eficaz na abordagem dos factores psicológicos que contribuem para a DBE, ajudando os indivíduos a identificar os factores desencadeantes e a desenvolver estratégias de sobrevivência.
   - o A terapia de grupo pode proporcionar apoio entre pares e melhorar a responsabilização.
5. **Mindfulness e alimentação intuitiva**:
   - o Ensinar práticas de atenção plena e princípios de alimentação intuitiva para ajudar os indivíduos a reconectarem-se com os sinais de fome e saciedade do seu corpo e reduzir a alimentação emocional.
6. **Acompanhamento dos progressos**:
   - o Acompanhamento regular com dietistas ou terapeutas para avaliar os progressos, os retrocessos e os ajustes necessários no plano individualizado.

Conclusão

A gestão eficaz das perturbações alimentares - anorexia nervosa, bulimia nervosa e perturbação da compulsão alimentar - requer uma abordagem multidisciplinar que envolva intervenções dietéticas, psicológicas e médicas. A reabilitação nutricional, o planeamento estruturado de refeições, a educação e as estratégias comportamentais desempenham um papel fundamental no apoio à recuperação e na promoção de uma relação saudável com os alimentos. A intervenção precoce e o apoio contínuo são essenciais para obter resultados positivos.

Perguntas de revisão sobre nutrição desportiva e desempenho desportivo

I. Perguntas de escolha múltipla

1. **Qual é o principal objetivo da nutrição desportiva?**
   a) Perda de peso
   b) Necessidades alimentares de atletas e indivíduos activos
   c) Saúde geral da população em geral
   d) Consumo de fast food
   Resposta: b) Necessidades alimentares dos atletas e dos indivíduos activos

2. **Que macronutriente é especialmente importante para fornecer energia durante as actividades desportivas?**
   a) Proteínas
   b) Hidratos de carbono
   c) Gorduras
   d) Fibra alimentar
   Resposta: b) Hidratos de carbono

3. **Que papel desempenham as proteínas na dieta de um atleta?**
   a) Fornecem energia rápida
   b) Promovem a reparação e o crescimento muscular
   c) Servem como principal fonte de hidratação
   d) Nenhuma das anteriores
   Resposta: b) Promovem a reparação e o crescimento muscular

4. **Que nutriente é fundamental para manter os níveis de energia durante actividades físicas prolongadas?**
   a) Hidratos de carbono

b) Açúcares

c) Vitaminas

d) Aminoácidos

Resposta: a) Hidratos de carbono

II. Perguntas de Verdadeiro ou Falso

1. **Verdadeiro ou falso:** Uma nutrição adequada não tem impacto significativo no desempenho desportivo.
   Resposta: Falso

2. **Verdadeiro ou falso:** O desempenho desportivo pode beneficiar de estratégias nutricionais adaptadas.
   Resposta: Verdadeiro

3. **Verdadeiro ou falso:** As gorduras não são importantes na dieta de um atleta porque não fornecem energia.
   Resposta: Falso

4. **Verdadeiro ou falso:** A hidratação é um componente essencial da nutrição desportiva.
   Resposta: Verdadeiro

III. Perguntas diretas

1. **Quais são os principais macronutrientes de que os desportistas necessitam em maior quantidade do que a média das pessoas?**
   Resposta: Hidratos de carbono, proteínas e gorduras.

2. **Como é que uma nutrição adequada contribui para a prevenção de lesões nos atletas?**
   Resposta: Uma nutrição adequada pode ajudar a manter a saúde geral, apoiar a função e a recuperação muscular e garantir que o corpo tem os nutrientes necessários para um desempenho ótimo, reduzindo assim o risco de lesões.

3. **Explicar a importância do horário das refeições para os atletas.**
   Resposta: O horário das refeições é crucial, uma vez que pode aumentar a disponibilidade de energia, melhorar a recuperação e garantir que os atletas estão adequadamente abastecidos antes e depois do treino ou da competição.

4. **Porque é que é importante que os atletas se informem sobre hidratação e suplementação?**
   Resposta: Compreender as necessidades de hidratação ajuda a prevenir a

desidratação, que pode prejudicar o desempenho; o conhecimento dos suplementos permite aos atletas fazer escolhas informadas que podem melhorar a recuperação e o desempenho, evitando produtos desnecessários ou prejudiciais.

Referências

1. **Associação Dietética Americana.** (2020). *Diretrizes dietéticas para os americanos 2020-2025*. Departamento de Agricultura dos EUA.
2. **Institutos Nacionais de Saúde.** (2021). *Diretrizes clínicas sobre a identificação, avaliação e tratamento do excesso de peso e da obesidade em adultos*. Publicação NIH n.º 98-4083.
3. **Organização Mundial de Saúde.** (2021). *Dieta saudável.*
4. **Joshipura, K. J., & Hu, F. B.** (2018). "O papel da dieta na prevenção de doenças crônicas". *Jornal Americano de Nutrição Clínica*, 108 (3), 577-580.
5. **Keller, H. H., & McCullough, J.** (2017). "Desnutrição em adultos mais velhos: Uma abordagem abrangente". *Médico de Família Canadiano*, 63(2), 116-122.
6. **Micha, R., et al.** (2017). "Associação entre fatores dietéticos e mortalidade por doenças cardíacas, derrame e diabetes tipo 2 nos Estados Unidos." *JAMA Internal Medicine*, 177(10), 1547-1557.
7. **Slavin, J. L.** (2013). "Fibra e prebióticos: Mecanismos e benefícios para a saúde". *Nutrientes*, 5(4), 1417-1435.
8. **Wang, Y., & Lobstein, T.** (2013). "Tendências mundiais em excesso de peso e obesidade infantil". *International Journal of Pediatric Obesity*, 8(1), 1-12.
9. **Freedman, M. R., & Nickols-Richardson, S. M.** (2013). "O papel dos alimentos no tratamento do diabetes". *Clinical Diabetes*, 31(2), 67-74.
10. **Horne, J., & Egan, M.** (2018). "Nutrição e doenças crónicas: A Review of the Evidence". *Nutrition Reviews*, 76(9), 664-676.

Livros sobre dietoterapia

11. **Keller, H. H., & McCullough, J.** (2017). *Nutrição e Saúde em Adultos Idosos*. Wiley-Blackwell.

12. **Mahan, L. K., & Escott-Stump, S.** (2017). *Alimentos de Krause e o processo de cuidados nutricionais*. Elsevier.

13. **Swinburn, B. A., et al.** (2019). *O Relatório sobre a Nutrição Mundial 2019: Iluminar para estimular a ação em matéria de nutrição*. Iniciativas de Desenvolvimento.

Recursos específicos para África

14. **União Africana.** (2020). *Estratégia Regional de Nutrição para África 2015-2025.*

15. **Programa Alimentar Mundial.** (2021). *Nutrição em África: A Guide to Addressing Malnutrition.*

16. **Mabhaudhi, T., & de Clercq, A.** (2019). *Segurança Alimentar e Nutrição em África: Challenges and Opportunities*. Springer.

17. **Bvenura, C., & Afolayan, A. J.** (2015). "Potencial nutricional de frutas indígenas: A Review". *Food Research International*, 74, 122-133.

18. **O Jornal Africano de Alimentação, Agricultura, Nutrição e Desenvolvimento.** (Vários números).

MIX
Papier aus verantwortungsvollen Quellen
Paper from responsible sources
FSC® C105338

Printed by Books on Demand GmbH, Norderstedt / Germany